宽恕

宽恕生命，释放生命自由

杨安／著

中国财富出版社

图书在版编目（CIP）数据

宽恕：宽恕生命，释放生命自由 / 杨安著．—北京：中国财富出版社，2015.3

ISBN 978－7－5047－5540－7

Ⅰ．①宽…　Ⅱ．①杨…　Ⅲ．①人生哲学—通俗读物　Ⅳ．①B821－49

中国版本图书馆 CIP 数据核字（2015）第 014454 号

策划编辑 范虹轶　　**责任印制** 方朋远

责任编辑 邢有涛　单元花　　**责任校对** 梁　凡

出版发行 中国财富出版社

社　　址 北京市丰台区南四环西路 188 号 5 区 20 楼　　**邮政编码** 100070

电　　话 010－52227568（发行部）　010－52227588 转 307（总编室）

010－68589540（读者服务部）　010－52227588 转 305（质检部）

网　　址 http://www.cfpress.com.cn

经　　销 新华书店

印　　刷 北京京都六环印刷厂

书　　号 ISBN 978－7－5047－5540－7/B・0423

开　　本 710mm×1000mm　1/16　　**版　　次** 2015 年 3 月第 1 版

印　　张 15.75　　**印　　次** 2015 年 3 月第 1 次印刷

字　　数 211 千字　　**定　　价** 35.00 元

前　言

其实，你的人生不应该如此沉重

在人生的道路上，我们总会遇到曲曲折折、坎坎坷坷。灿烂的阳光下，也有阴暗的角落；风和日丽的天空，也会有乌云飘来的时候。巨轮航行在大海上，经常会遇到狂风恶浪的挑战；车辆奔驰在大地上，经常有高山大河的阻碍。在人与人相处的过程中，也会遇到形形色色的人，或善解人意，知书达理；或心胸狭窄，蛮不讲理；或愤世嫉俗，感情用事；或接纳大度，冷静沉着。如果把所有成败得失都牢记心中，让那些伤心事、烦恼事永远萦绕于脑际，在心中烙下永不褪色的印记，那就等于背上了沉重的包袱、无形的枷锁，就会活得很苦很累，以致精神委靡，心力交瘁。生命之舟也会无所依存，会在茫茫的大海中迷航，甚至有倾覆的危险。但是，你的人生本不该如此沉重。

医学家和心理学家经过多年研究发现，人们心理上沉重的、不健康的情绪，比肉体疾病对机体的损害更大，而且会加快人体自身衰老和死亡的速度。长时间的忧郁、悲哀、惊惧、愁苦、愤怒等，不但会直接降低人体正常的消化吸收功能，干扰人体整体的新陈代谢，而且还会削弱人体的免疫能力，使人体的心理活动失去平衡，并能使机体产生一系列的生理变化，引致身心障碍，从而危害健康。假如久久停留在这些紧张、沉重的包袱中无法走出来，不能摆脱这些灰暗的、负面的情绪，那么，我们的健康、工作、生活都将受到极大的威胁，人生将失去色彩和价值，陷入沉重且暗无天日的深渊。

陶铸说："往事如烟俱忘却，心底无私天地宽。"宽恕是从沉重中解脱出来的不二法门。

宽恕是一种崇高境界，是一种人生智慧，是一种人生修行的方式，也是对他人的一种尊重，对生活的一种完善。越是睿智的人，越是深谙宽恕之道。因为他们洞明世事、练达人情，看得深，想得开，放得下；他们知道宽恕的受益人不只是被宽恕者，更主要的是自己，宽恕别人就是解放自己。如果我们远离嫉妒与怨恨，也就远离了痛苦、心碎、绝望、愤怒和伤害的沉重。宽恕能驱散生活中的痛苦和眼泪，能传播心灵的快乐和微笑。宽恕盛产幽默，能减少人生的沉重感，让人生充满快乐和欢笑。

心有宽恕，就能善待不幸，不会有失落感；心有宽恕，就能大度处事，不跟他人过不去，更不跟自己过不去；心有宽恕，就能冲出沉重的黑暗深渊，快乐、解脱；心有宽恕，就能延年益寿，享受一生的平安与快乐。

怎样才能卸下人生沉重的包袱？或者说，什么才是宽恕的艺术？

基于帮助大家卸下沉重包袱，拥抱快乐幸福人生的想法，本书分别从宽恕、解脱、放下等相关方面的内容、原理、方法等各方面进行了系统的阐述。翻开此书，在多个生活中的案例、小故事的趣味性中，在各种小秘诀的便捷速效中，你会深受启发，颇有受益，从内到外轻轻松松地健康身心、改善局面。

人的一生就像一趟旅行，沿途中有数不尽的坎坷泥泞，但也有看不完的春花秋月。如果我们的心总是被沉重的晦暗所覆盖，干涸了心泉、黯淡了目光、失去了生机、丧失了斗志，我们的人生岂能幸福快乐？因此，别再发愁没有快乐的春莺在啼鸣；别再忧虑没有快乐的泉溪在歌唱；别再感伤没有快乐的鲜花在绽放。翻开此书，用心体会，放下人生之重，彻悟宽恕之道，我们就会真正明白处世之真谛，将最重要的东西更好地把握住。当你真正懂得了宽恕，你就真的会发现世间的不同；当你真正懂得了宽恕，你收获的不仅仅是财富，还有未来的绮丽锦绣与朗朗晴空。

作　者

2014 年 9 月

目录

第一章

宽心自由，懂得宽恕才能真正拥有生命的喜悦

真正的生命喜悦不是物质的丰富，不是贪欲的满足，不是一切外物的装潢，而是积极的宽恕之心。宽恕，是打开快乐之门的金钥匙，懂得了宽恕，才能够在每一个晨昏，弹奏出最美的交响乐，让我们与喜悦同行，体验到生活中的愉悦。

想要快乐的你缘何难以快乐起来

快乐是人类世界的无价之宝。它充满着积极向上的心灵能量，让我们战胜忧郁、黑暗和悲观。它产生着源源不断的精神动力，让我们拥抱愉悦、光明和温暖。没有人不想要快乐，追求快乐是人的天性，被所有人向往。但是，生活中，很多人却每天都生活在郁闷、悲观，甚至痛苦当中难以自拔。

据世界卫生组织（WHO）统计，全球目前至少有 5 亿人存在各种精神、心理问题，约占世界总人口的 10%，这一现象还在逐步增大。

据美国芝加哥大学的调查，1957 年生活快乐的人为 35%，他们每人每天能欢笑 18 分钟；到 1997 年时，快乐的人数就减少了 5%，欢乐的笑声则减少了 12 分钟。40 年的时间，美国人的工薪收入增加了 3 倍，笑声却减少了 3 倍。

2001 年，在被调查的中国年轻人中有 80% 的年轻人认为自己的心理年龄已经到了“中老年期”。中国中小学生有 20% 的人被证实存在心理困扰，5% ~8% 有严重心理障碍，2%~3% 被诊断为精神分裂症患者。日本高校学生自杀率已高达 4% 。

心理学家调查发现，如今儿童不快乐的抑郁症危险较 20 世纪 30 年代增加了 10 倍，而且年龄提前了不少。

想要快乐的我们为什么难以快乐？难以快乐的根源，不是源自物质的匮乏，而是源自我们消极的心态。

攀比心态：我们许多人本已生活条件不错，日子过得滋润。可是不知何时，他产生了攀比心，在比较出来的差距中，他的快乐从此消失无踪。因为，不去努力缩小差距，内心会失落；而如果要缩小差距，就得艰苦奋斗，要吃苦也不快乐。一旦辛劳得不到相应的回报，往往怨天尤人。假如奋斗征程上受阻、受挫，往往气馁、沮丧。如果屡试屡败，更会终身饮恨。

虚荣心态：有些时候，人们并不是为自己而活着，而是为所谓的“面子”而活，为并非内心真实需要的“虚荣心”而活，为别人的眼光而活，为纷扰的诱惑而活。于是，在追名逐利的拉力赛场，有些人的私欲不断膨胀，欲望铸成了一个无底洞，把自己推向了自己挖掘的陷阱。

争斗心态：有时，有的人喜欢赌气、争斗，而不懂得退一步海阔天空，于是招致更多的冲突和矛盾。

自私心态：不少人总是希望别人能对自己好些，自己多得到些，却缺少公平心，难以做到“己所不欲，勿施于人”。也不会去想想为他人、为社会做些什么。在施予面前，很多人都不能采取主动的姿态。即使去帮助别人，也往往带着索取的个人目的。假如得不到相应的回报，就怨恨别人，指责别人。

盲目心态：有的人总是给自己设定那么多的目标，而并不考虑自己的能力能否达到目标，也不考虑客观条件是否具备。只是一味地逼迫自己去摘取那些够不着的果实。

嫉妒心态：嫉妒是心灵的地狱，有嫉妒心之人，认为别人往前走就是自身的后退。他们看到别人的进步，敬畏、屈辱、自卑、恼怒等多种情绪便纷至沓来，于是，或消极沉沦，委靡不振；或咬牙切齿，恼羞成怒；或铤而走险，害人毁己。

浮躁心态：人一旦浮躁，急功近利，必然盲目狂热而无法脚踏实地。因此，总是在物质和精神都毫无准备的情况下匆忙上阵，情绪烦躁，手忙脚乱，仓促从事，草草收场。

自寻烦恼心态：生活中的很多烦恼都是自找的，是自己钻进了烦恼的瓶子里，将瓶口封了起来，自己困住了自己。自寻烦恼有百害而无一利，不仅解决不了问题，还会让自己的想法和情绪更消极。

怨天尤人心态：有的人总是牢骚满腹，时时事事发牢骚，总以一种“别人对不起我”的态度来达到异常的满足。于是，往往越诉越怨，越怨越诉，从而把自己困在了一个无限的恶性循环之中，自然成为了烦恼的根源。

随波逐流心态：更多的时候，受世俗观念、定式思维的影响和左右，我们失去了个人的主见，不能坚定地跟从真理，往往听从片面言辞，跟随偏见而去。在种种愚见面前，很多人都在委曲求全，并不敢固守正见。

患得患失心态：我们都知道，外在世界的一切，包括我们追寻的那些事物，都是无常，它们不会永远地跟随着我们一生一世。外在的事物在一瞬间就可能全部灰飞烟灭。于是，在这充满变数的世间，即使我们拥有万贯家财，显赫的地位，幸福的妻儿，内心往往还是会不安、会浮躁、会失落、会感觉空虚缥缈。

以上种种消极心态都是想要快乐却难以快乐的根源所在。而要摆脱烦恼，找到快乐，关键就在于改变心态。

据说昆仑山麓生产一种快乐果，每个得到这个果子的人，都非常快乐，自此忘掉所有烦恼。有一个人听说了这件事，便不远万里，跋山涉水，去寻找这种果子。终于，经历了千辛万苦，在险峻的山崖上，他找到了传说中的快乐果，然而，他拿着果子却并未觉得快乐，反而感到一股莫名的空虚和失落。

天已经渐渐黑了，他走下山借宿在一位老人家里。晚上皓月当空，而这个拥有了快乐果的人却发出了长长地叹息。

老人听后，走进屋子，问他："年轻人，什么事让你这样叹息呀?"

于是，他说出了事情的原委，而后又追问道："我已经得到快乐果了，可为什么却没有得到快乐呢?"

老人听后，扑哧笑了，继而说道："其实，快乐果并非昆仑山才有，而是人人心中都有。只要你有快乐的根，无论走到天涯海角，都能够得到快乐。"

年轻人听后，顿觉精神一振，急切地问："老人家，那什么是快乐的根呢?"

老人说："心就是快乐的根啊!"

是的，真正的快乐不是物质的丰富，不是贪欲的满足，不是一切外物的装潢。真正的快乐是生而有之的安然状态。若人们迷失了自我原本朴素积极的心态，只会让人产生惶惑与不安。无论怎样去寻求外面的东西来填补欲壑，都只能如挑雪填井，片刻即失。于是循环往复，徘徊在外部世界的无常苦海中，深深陷入难以快乐的禁锢之中。因此，想要拥有真正意义上的快乐，就必须改变被无常困扰之外的那个世界——我们的内在心态。

怎样改变为好心态，使我们更容易找到快乐呢？

1. 乐观思维

就像哲理说的“如果我们执着于生命的痛苦，我们的生命就会痛苦不堪；如果我们专注于生命的喜悦，我们的生命可能就会充满愉悦。重要的不是我们的生命中经受了多少痛苦和喜悦，而是我们对待生命的态度……每天都有让人不高兴的事情发生，每天也都有让人高兴的事情发生。如果我们关注的焦点集中在了让我们不高兴的事情上面，我们就永远快乐不起来了”。很多时候，快乐并不取决于你是谁，你在哪儿，你在干什么，而取决于你当时的想法。如果我们豁达、乐观，就能够看到生活中光明的一面，即使在漆黑的夜晚，我们也知道星星仍在闪烁。

2. 心境转移

当一个人情绪不佳时不要过分独自地冥思苦想，最好将自己的心事倾诉出来，或是将思想转移到其他的事情上去，心理学上称之为“心境转移”。

3. 享受小喜悦

生活中到处都有小小的喜悦，也许只是一杯暖茶，一声关切，或是一轮美丽的落日。小小的喜悦在生活中俯拾皆是，我们大可不虞匮乏。善于发现、善于享受会让人时时感受到快乐。

别再担心快乐遥不可及，能不能快乐由你自己决定。想要快乐的你，只要保持一个好心态，也就拥有了打开快乐之门的金钥匙。这不仅能使我们体验到生活中的愉悦，即使身处逆境，也能微笑面对，泰然处之。继而从逆境中崛起，在困难中成长，找到更完整的自我，创造更积极的明天。

杨安谈宽恕

◆世界上最难得到和最容易得到的东西，都是快乐。

◆世界上最美的脸是笑脸，快乐的人最美丽。

◆快乐需要学习，更需要行动。

真的有那么多的事值得你计较吗

喜欢计较，是人性的缺点，一个事事都爱计较的人，他失去的不仅仅是快乐，还有更珍贵的东西，比如人生成功的机会。一个快乐的人，不是因为他拥有的多，而是因为他很少去计较。虽说人生不如意事十有八九，但很多事都是一些鸡毛蒜皮、微不足道的小事，为了这些小事而耿耿于怀，浪费自己的时间和精力真的值得吗？

镜子很平整，但是如果放在高倍放大镜下，就会成为凹凸不平的山峦；肉眼看着很干净的东西，拿到显微镜下，就会看见无数活跃的细菌。如果我们天天“戴”着放大镜、显微镜生活，恐怕连饭也不敢吃，连觉也睡不着了。如果我们天天用放大镜去看他人的毛病，恐怕被看者简直要罪不容恕、不可救药了。

人非圣贤，孰能无过。人与人之间的相处需要互相谅解，互相宽容。如果经常以“难得糊涂”自勉，求大同存小异，有肚量，能容人，你就会有许多朋友，且左右逢源，诸事遂愿；相反，如果求全责备，眼里不容半粒沙子，斤斤计较，什么鸡毛蒜皮的小事都要论个是非曲直，容不下人，人们也会躲得你远远的，最后，你只能关起门来成为让人避之唯恐不及的“异己之徒”。

古今中外，凡是能成大事的人都具有一种优秀的品质，就是能容人所不能容，忍人所不能忍，善于求大同存小异，团结大多数人。他们胸怀宽阔，豁达而不拘小节，大处着眼而不会目光如豆，从不计较那些不值得计较的非原则琐事，所以他们才能成大事、立大业，使自己成为不平凡的伟人。

朱德当年年轻力壮，在每年的农忙季节，他总是很快地就把自家的庄稼给收完了。而这时，朱德并没有因此而停下来休息，他总是跑到其他亲戚的田地里去帮忙，这样一天下来，累得他腰酸腿疼。可第二天，他又拿起工具，继续去亲戚的田地里帮忙收庄稼，却从没有喊过累，也没有抱怨过。

有一次，朱德跑到一个表叔的地里去收庄稼，可这个表叔是一个疑心病特别重、很小心眼的人，看到朱德来帮忙，就怀疑他要趁机偷自己的庄稼，所以在朱德干活时，就不时地监视他的行动，特别是朱德要走的时候，还要偷偷地打开朱德带来的放工具的筐子，检查是否拿走了什么东西，这一切朱德看在眼里，微微笑了一笑，然后说道：“表叔，活干完了，我走了，我妈等我回家吃饭呢！”

说完，背起筐子，挥挥手走了，表叔看到这一切，惭愧地摇了摇头，心里不由得暗暗钦佩。

朱德不计报酬地帮助别人，帮助别人也不声张，即使被怀疑也不抱怨。他如此大度，不斤斤计较，深得亲戚们的赞许，和亲戚们相处得很好。

有许多伟人为人处世都是如此。毕加索对冒充他作品的假画毫不在乎，从不追究，看到有人伪造他的画时，最多只把伪造的签名涂掉。“我为什么要小题大做呢?”毕加索说，“作假画的人不是穷画家就是老朋友。我是西班牙人，不能为难老朋友。而且那些鉴定真迹的专家也要吃饭，而我也没吃什么亏。”

法国大作家雨果说：“世界上最广阔的是海洋，比海洋更广阔的是天空，比天空更广阔的是人的胸怀。”不计较小事的器量和胸怀决定了一个人的人格高度，也决定着其人生成就的大小和家庭生活的幸福程度。

这就如同一个很简单的经济学原理。人的行为均是追求边际效应的最大化。当你计较小事时，边际效应是逐渐降低的，你的选择不是明智的。而当你放弃计较，却能够让你未来的产出成倍增加，显然做这样明智的选择是正确的。这样的浅显的利弊选择，每个人都会衡量。但很多时候，在纷繁的社会生活中，诱惑就像吞噬人的毒药，会让我们的心灵逐渐模糊，失去了判断的理智，做出昏庸的决定。

约瑟夫·沙巴士是芝加哥的一名法官，他仲裁过四万多件不愉快的婚姻案件。他曾感叹道：“大部分婚姻生活不美满的起因，通常都是一些小事情。”还有一名地方检察官也说道：“在我们的刑事案件中，有很多都是起因于一些很小的事情。比如，在酒吧里说话侮辱别人，行为粗鲁不讲礼貌。许多犯了错的人，都是因为自尊心受到了小小的伤害，就控制不住自己，结果酿成了伤心事。”

法律不会去管一些小事情，一个人也不该为这些小事情忧虑，如果希望求得心里平静。如果你能对一些小事耸耸肩，就说明你已经变得成熟，因为只有当一个人不再计较身边发生的一些小过失时，他才有了一种可以轻松过生活的资本。

能够不计较，是建立在充分了解之上的。在现实生活中，每个人都与周围的人结成各种各样的人际关系。在家庭生活中有夫妻关系、父母子女关系及其他亲属关系和左邻右舍关系；在学校里有同学、师生之间的关系；在单位里则有同事关系、上下级关系，等等。对于与自己经常相处的人，要充分了解，包括他（她）们的兴趣、性格、生活习惯、工作方式等，从而避免因互相不了解而产生矛盾，尤其值得注意的是，一定要善于发现别人的优点和长处。既要尊重别人，又要谅解别人，绝不苛求于人，要乐于助人，待人诚恳、虚心、不用自己的优点与别人的缺点相较，不搬弄是非，传播闲话，做到“流言止于智者”，更要避免“同行相轻”的心理。这样相处，关系自然融洽。

要想不计较，还要时时注意改变自己的看法和关注点。让自己注意一些可以令自己开心的东西，做一些能令自己变得更好的事情，这样，在短促的一生中，我们才不会因自己浪费时间去计较不值得计较的小事而伤心后悔。就如吉卜林所说：“生命是这样的短促。不能再顾及小事。”

因此，不斤斤计较，不应该只是一种心境，还是一种生活态度。宽容的力量总是在不经意间慢慢挥发。当你学会对一些小事放手，对一些小利看开时，那么生活总会给你一份惊喜。如果是坐井的青蛙，蹦出狭窄的井口，会发现蓝天不是简单的圆弧，那是一种豁然开朗的视野。不计较不值得计较的非原则性小事，学会宽容对待他人，收获的不仅仅是财富，还有未来的朗朗晴空与绮丽锦绣。

杨安谈宽恕

◆幸福快乐不在得的多，而在计较的少。

◆宽厚待人，不计较，是事业成功、家庭幸福美满之道。

◆事事计较、患得患失，会烦恼不断，困扰连连。难得人世来一趟，何不潇洒走一遭？

“放下”与“放不下”的人生

家家都有一些已被时代淘汰的物品，有些人舍不得丢弃，日积月累，无用之物越积越多，等到堆放不下了，只能惋惜地集中扔掉。有些人随时淘汰那些不再需要的东西，省去了集中处理的精力，平时家中也显得简洁时尚。其实人生又何尝不是如此？即便过着平凡的日子，也依然会不断地积累，大到人生感悟，小到一张名片，都是从无到有，积少成多。无论人的名誉、地位、财富、亲情，还是烦恼、忧愁，都有很多该放下而未放下的。

寒山禅师在《人生不满百》一书中说：“人生不满百，常怀千岁忧。自身病始可，又为子孙愁。下视禾根土，上看桑树头。秤锤落东海，到底始知休。”意思是，尽管人生非常短暂，但是人们却都抱着长远规划，全然忘记生命的脆弱。不仅要应付自己的烦恼，还要为子孙后代的生活操劳。生命中劳劳碌碌都是为衣食生计奔波，哪里有时间停下来思考一下生命的意义呢！人生的轨迹就如同掉进水里的秤砣一样，直到碰到生命的尽头才会停止。

寒山禅师以此诗提醒世人“即刻放下便放下，欲觅了时无了时”。能放下的事情不妨放下。如果不能适时放下，而等待完全清闲时再放下，恐怕是永远也找不到这样的机会了。

作家梭罗曾说：“我们的生命不应虚掷于琐碎之事，而应该学会放

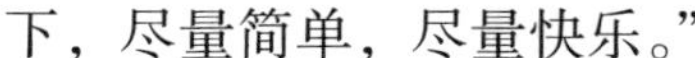
下，尽量简单，尽量快乐。”

大多数人都希望自己的人生能够达到放下的快乐状态，但是他们却很难做到。因为大家都会被实实在在的生活压得喘不过气来，甚至头晕眼花。他们被占有物质财富——好房、名车、高收入等欲望折磨得疲惫不堪。

一项统计显示，在美国社会中，一对夫妻一天当中只有12分钟的时间进行交流和沟通；一周之内父母只有40分钟的时间与子女相处；约有一半的人处于睡眠不足的状态。大家好像每天都在为一些事疯狂地忙碌，然后疲惫不堪，没有时间顾及其他。但是，生活真的变好了吗？美国心理学家戴维·迈尔斯和埃德迪纳已经证明，物质财富是一种很差的衡量快乐的标准。人们并没有随社会财富的增加而变得更加快乐。在大多数国家，收入和快乐的相关性是可以忽略不计的；只有在最贫穷的国家，收入才是衡量人们是否快乐的适宜标准。

我们总是把拥有物质的多少、外表形象的好坏看得过于重要，用金钱、精力和时间换取一种有目共睹的优越生活，却没有察觉自己的内心在一天天枯萎。

事实上，人生在世，有许多东西是需要不断放下的。在仕途中，放下对权力的追逐，随遇而安，得到的是宁静与淡泊；在淘金的过程中，放下对金钱无止境的掠夺，得到的是安心和快乐；在春风得意、身边美女如云时，放下对美色的占有，得到的是家庭的温馨和美满。

古人云：“无欲则刚。”这其实是一种境界，一种修养。没有太多的欲望，就会活得更加简单，更加洒脱，更加自由。当你学会放下，过一种放下的人生，你就是真正的在为快乐的自己而活，而不在乎外在的虚荣，快乐幸福感才会润泽你干枯的心灵，就如同雨露滋润干涸的土地。

爱琳·詹姆丝是美国的一位投资人、作家和地产投资顾问，她在这个领域努力奋斗了十几年。有一天，她坐在自己的写字桌旁，呆呆地望着写满密密麻麻事宜的日程安排表。突然，她认识到自己对这张令人发疯的日程表再也无法忍受下去了，用这么多乱七八糟的东西来塞满自己清醒的每一分钟简直就是一种疯狂愚蠢的行为。就在这一刻，她做出了决定：她要从放不下的人生里走出来。

她开始着手列出一个清单，把需要从她的生活中删除的事情都列出来。然后，她采取了一系列“大胆的”行动。首先，她取消了所有预约电话。其次，她停止了预订的杂志，并把堆积在桌子上的所有没有读过的杂志都清除掉。她注销了一些信用卡，以减少每个月收到的账单函件。通过改变日常生活和工作习惯，她的房间和草坪变得更加整洁。她的整个简化清单包括80多项内容。

爱琳·詹姆丝说：“我们的生活已经变得太拥挤了。在我们这个世界的历史进程中，从来没有像我们今天这个时代拥有如此多的东西的现象……我们总是放不下，总是担心如果我们不去做，就会失去什么东西。我最后总算明白过来，是的，也许我的确会失去什么东西，但是这没什么不好，我还好好地活着。还不仅仅是活着，而是活得更潇洒了，因为我再也用不着总是试图去做所有的事情。看看那些对人类的艺术领域、音乐领域、科学领域作出过卓越贡献的人。毕加索、莫扎特、爱因斯坦这些人都生活在放得下的生活之中。他们全神贯注于自己的主要领域，挖掘内在的创造源泉，获得了丰富精彩的人生。”

世界是无限的，而我们的生命却是有限的。以自己有限的生命去追逐无限的世界，岂不是踏上了一条不归路，把自己埋葬在苍茫的无限之中，而失去自身的本性吗？有多少可有可无的追求，就有多少可有可无的缺憾、可有可无的失败、可有可无的磨难和可有可无的耻辱，这样会把本来可以成功的人生变成了失败的人生；把本来可以快乐的人生变成了痛苦的人生；把本来可以轻松的人生变成了沉重的人生；把本来可以健康的人生变成了病态的人生。

成大事者不会计较一时的得失，他们都知道放下——放下些什么以及如何放下。放下，可以让你轻装前进；放下，可以让你摆脱烦恼和纠缠，使整个身心都沉浸在轻松悠闲的宁静之中；放下还会改善你的形象，使你变得豁达豪爽；放下会使你赢得众人的信赖；放下会使你变得更加精明、更加能干、更有力量。

要拥有放下的快乐人生，就要胸怀天下，心想大事，去除私心杂念，克服个人主义，淡泊明志，宁静致远。要经常进行自我心理调节，想远一点，想开一点，从名利得失、个人恩怨中解脱出来。对已经过去的无关紧要的事，要糊涂一点、淡化一点、宽容一点，及时将这些东西从大脑这个仓库中“清除”掉，不让它们在记忆中占有一席之地。一个人如果学会了过一种放下的人生，就是一个健康的人、成熟的人，就能放下过去那些日益沉重的包袱，轻装上阵，精力充沛地面对现在，信心百倍地去迎接未来；就能开拓新境界，建立起生命的亮丽风景线，真正懂得休闲生活的真谛。

吐故方能纳新。时间无暇追忆，人生总是在诀别和放弃中前行，何必总是生活在放不下的焦灼和忧痛中，何必苦苦寻觅那一串串被蒿草覆盖了的足迹、那一粒粒褪色的相思红豆、那一枚枚被岁月风化了的彩贝、那一枝枝枯皱的香山红叶。只有善于放下的人，人生之树才能长青。

学会拥抱放下的人生吧！放下是一颗开心果、一味解烦丹、一道欢喜禅。只要我们能够适时地放下，何愁没有快乐的春莺在啼鸣；何愁没有快乐的泉溪在歌唱；何愁没有快乐的鲜花在绽放！当我们放下失态的痛楚，放下屈辱留下的仇恨，放下心中所有难言的负荷，放下费尽精力的争吵，放下对权力的角逐，放下对虚名的争夺……将次要的、枝节的、多余的，该放下的都放下时，我们才真正明白了处世之真谛。也只有放得下，才能将最重要的东西更好地把握住，从而摆脱烦恼痛苦的缠绕，过上真正幸福的生活。

杨安谈宽恕

◆坦坦荡荡面对世事，提起来千斤重，放得下二两轻。

◆舍即是得，不舍不得。放下，方得自在。

◆越放下越快乐。

为什么明知不可为却依然在不懈努力

在生活中，我们会见到有些人明知不可为却依然在不懈努力，这是一种坚持己见、不懂变通的固执心理。固执心理具有一旦形成了某种行为方式后就长期坚持，很难根据新情况予以改变的心理特征。简单地说，固执就是不恰当的顽强。但固执与顽强是不同的。顽强的人能够理智地思考，认准一个正确的目标，义无反顾地去拼搏、去奋斗。大凡有成就的人物，往往都程度不同地具有顽强的性格。而固执的人，则是凭感情用事，为坚持而坚持。

有时候，固执看上去和坚持类同，但其实却有着本质上的区别。坚持是指坚持自己正确的意见，当受到挑战时勇于为自己的想法辩护。而假如当道理已经讲得很明白了，也知道自己想法中的缺陷，或者明知不可为却依然不愿意放弃原来的想法而想尽办法找理由，这就是固执了。

固执主要表现为：自我评价过高，死心眼，敏感多疑，过分警惕，常采取过分的探查和防范措施，易嫉妒，易冲动，好争辩，缺乏幽默感，总认为自己的想法和意见“完全正确”，听不进批评意见，做错了事情总是推诿于客观，或者归罪于他人。固执的人常发生与朋友分手、与恋人告吹、夫妻不和、父子反目等情况。

固执的人，一般都让人讨厌。有时明知这种观点不对，他还要千方百计地为自己狡辩，认为自己是对的。久而久之，别人就不愿意和他说话了，更别提辩论了，交往也会随之减少。可以说，固执是人际交往的大敌。

固执的人虽不愚钝，却常常陷入某个绝对没有好处的事情中不能自拔。任凭周围的亲戚、朋友、旁观者如何劝说，他也执迷不悟，甚至还要找出很多幼稚的理由来欺骗自己。直到有一天，受尽折磨，终于解脱了，他才翻然醒悟，追悔莫及。

为什么要明知不可为却依然在不懈努力？固执心理的形成既有其生理原因，也有其心理原因。

1. 生理原因

一是由神经运动过程的停滞性造成。神经运动过程的停滞性指的是一个人像停滞了一样，很难从一种状态转向另一种状态。固执心理一旦成为一种习惯，成为生活中不可缺少的东西时，无论谁破坏它，都会使其产生不愉快、不舒服，甚至苦恼的感觉，并引发攻击性行为。

二是受特有气质类型的影响。黏液质和胆汁质气质的人，在高级神经活动类型上同属于不灵活型：反应缓慢，注意稳定而难以转移。这两种气质的特点，反映在认识活动上，就表现为过于固守自己的认识，难于接受别人的意见或观点；反映在行动上，则是一意孤行、盲目蛮干。

2. 心理原因

一是片面思维。固执倔强的人，由于思想方法偏激，观念固执，重复在大脑皮层形成了惰性兴奋中心，很难接受不符合自己想法的观念。

二是惰性思维。固执的人往往不愿意动脑筋，时间长了就成了一种定式，因此更容易喜欢老框框、老章法。

三是自尊心过强。自尊作为人的精神需要是可以理解的。但有些人没有睿智的思想、熟练的技能、幽默风趣的谈吐、精辟的论证、高尚的品格以及谦虚的态度，因而只能用执拗、顶撞、攻击、无理申辩等方式来满足自己的虚荣心，使固执在这种满足中得到发展。这样，必然会影响与他人的正常交往。

四是对挫折反应不正确。有些人在反复遭遇同样的挫折时，由于不能灵活的随机应变，从而顺利克服困难，就可能形成一种习惯的刻板反应，在思想方法上僵化不变，在行为活动上表现为执拗得反复，遇到事情爱钻牛角尖。

五是情绪消极。他们时时会有过于紧张或者激动的消极情绪，致使正常思维过程被扰乱，遇到问题时不能够常态地进行分析、判断。同时，这些人的注意力比较涣散，不易集中，听不进大多数人的意见。临床观察，这类人大都是因为精神上过于疲倦，或者心里蕴藏着不少烦恼。

另外，浮夸、傲慢、懒惰、墨守成规也会导致固执性格的形成。

明知不可为却依然在不懈努力的人不仅使别人难以忍受，就是本人也很难过，经常处于紧张、孤独、沮丧、愤怒、焦虑等状态。久而久之，会影响他们正常的人际交往，使自己身边的朋友越来越少。同时也会严重阻碍自己在学习、工作方面的进步。另外，还会对身体健康带来巨大危害。那么，应该如何调适固执心理呢？

第一，集体调控方法。

（1）找心态积极的亲友帮助其树立适度的自尊心。要使他认识到过强的自尊心往往容易使人自负。人一旦自负，固执便可能接踵而来。

（2）帮助具有固执心理者克服认识上的偏差。认识上的偏差，往往引起情绪激动，反过来又加剧认识上的偏差，以致形成“知”和“情”风助火势、火借风威的局面。因此要尽力帮助他们客观看待周围事物、处理问题不走极端。

（3）积极调适具有固执心理者的逆反心理。帮助者要不断改进教育内容和方法，使具有固执心理者乐于接受，不产生厌恶和反感；要增强与具有固执心理者的情感上的沟通和共鸣。

第二，个人调控策略。

（1）加强自我修养。平时，要有意识地读一些陶冶性情的书籍，多学习卓越的伟人、名人的坚忍性格，多与勤奋好学、谦虚谨慎、品德优良、灵活性强、为人随和、乐观积极的朋友交往，克服自己的固执性格，使自己固执的不良习惯在自我调节中得到化解，在自我控制中得到升华。

（2）多充电，掌握丰富的知识。丰富的知识能打开一个人的眼界，改变一个人看问题角度的狭隘，把自己从教条和成见中解脱出来，从而培养自己尊敬和信任他人、宽容待人的态度。要乐于接受新知识、新事物，多注意其新颖和精华之处，不要计较细枝末节，也不要过于欣赏自己的成绩，放大别人的不足。

（3）要进行自我提醒。采取自我提醒的方法控制情绪，常常会起到平静心境的作用。当那股固执劲头要冒出来时，及时自言自语道：“不要固执，固执对己对人都不利。”在心里默默数数儿，从一数到十，冷静下来后，重新思考一下自己的想法、意见是否正确，再做处理也不晚。

（4）要注意自我分析。要克服固执，就要学会理智地分析自己，遇事不急于发表自己的看法和意见，要平心静气地分析自己，做些认真的思考。让自己的想象和思维充分活跃起来，广开思路，多问自己几个“如果”、“为什么”、“怎么办”，不要总让自己做单项选择。例如，自己应不应该发表意见，自己的意见是否正确，怎样与别人交谈，当自己的意见被别人否定了怎么办等。

（5）要学会接纳别人。学会多从积极的角度去理解他人的言行。应该懂得人与人之间更多的是彼此关心和相互帮助，学会对那些曾经帮助过自己的人说感谢的话；应该懂得只有尊重别人才能得到别人的尊重，学会向自己认识的人微笑。所有这些，开始可能觉得不习惯，但是只要坚持下去就一定有效果。

（6）客观对待他人的意见，不要一味地抵触。要善于克制自己的抵触情绪以及无理的言语和行为，加强自我调控，学会使用感情转化的心理调适方法。对自己的错误要主动承认，善于应用幽默，自我解嘲地找个台阶下，不要顽固地坚持自己的观点。

（7）培养业余爱好。应该多参加文体活动，培养多种兴趣爱好，丰富自己的业余生活。这样就使自己不至于老是在一件事上钻牛角尖。每当固执的状态萌发时，就可以利用这些兴趣爱好转移自己的注意力，从而松弛神经，使情绪得到稳定。

（8）要克服虚荣心。金无足赤，人无完人，任何人都不是完美无缺的，都有或多或少的缺点。这是客观事实，用不着掩饰，更不要夸夸其谈、不懂装懂。把精力引向事业，使虚荣心得到转化，人就能达到心理平衡。

明知不可为却依然在不懈努力的固执者的“悲剧”在于：他不惜花费一切代价所要达到的目的，在客观上通常是不正确、不合理的。因而，他的一系列行为往往给自己的人生带来诸多的失误和不幸。那些有大修为的成功者，都会随时检查自己的选择、观点、态度、行为和道路是否有偏差，及时合理地调整目标，从而走向成功。因此，我们要时时注意检查自己的心理，放下无谓的固执，冷静地用开放的心胸去做正确的抉择。每次正确无误的选择，将指引我们一直走在通往成功的坦途上。

◆平庸是因为思想愚昧的固执所导致。

◆固执，是盘踞于心灵的一种消极冲动。

◆固执者并不聪明；察觉不足者才机敏。

切记，人生不是你想怎样而是能怎样

古往今来，任何人的人生都不是一帆风顺的，都充满了挫折和风雨。如何正确对待人生中的追求，是一个值得讨论的话题。古人云：“天下事有难易乎？为之，则难者亦易矣；不为，则易者亦难矣。”凡事我们都要主动去实践，但是，在行动的过程中，就出现了多种情况：有人眼高手低、好高骛远；有人急于求成、急功近利；当然，也有人量力而行、淡定从容、脚踏实地。而现实也总是以铁的规律告诉我们：“人生不是你想怎样而是能怎样”。眼高手低、好高骛远或急于求成、急功近利者，往往为山九仞，功亏一篑。量力而行、淡定从容、脚踏实地者却总是能实现自己的人生目标和理想。

“纸上谈来终觉浅，绝知此事要躬行。”这句话的道理固然一目了然，但是人们未必能够真正地理解并把它付诸于生活的实践中去。我们每个人都希望自己能够梦想成真，才华获得赏识，能力获得肯定。但遗憾的是，很少有人能正视自己的能力和实力，真正做到量力而为。于是往往在寻梦的过程中，经意或不经意之间陷入自不量力的泥潭。

俗语说得好：“一锹挖不出一口井。”人不可能生下来就会跑，必须先学会翻身、坐立、爬行，然后才学会走路、跑步，这其中的每一步都是必不可少的，而且需要循序渐进的努力，同样，在人生的各个层面，小到细微琐事，大至为人处世，都不是一蹴而就的，都需要一个循序渐进的过程，在这个过程中，需要我们量力而行、实事求是，而好高骛远、急功近利，往往会事与愿违，使事情的发展背离原有的轨道。

好高骛远，是人在人生操作上所犯的一个大错误。当一个人以为可以不经过程而直奔终点，不经卑俗而直达高雅，舍弃组小而直达广大，跳过近前而直达远方时，反而无益于他的进步。心性高傲、目标远大固然不错，但目标好比靶子，必须在你的有效射程之内才有意义。同时，有了目标，还要为目标付出努力，如果你只是空怀大志，而不愿为实现理想付出辛勤劳动，那么“理想”永远只能是空中楼阁、一文不值的东西。

好高骛远的失误主要就在于不切合实际，既脱离现实，又脱离自身，凡事总是横竖都看不惯。或者总以为周围的一切都为难于他，抑或不屑于周围的一切，终日牢骚满腹，认为这也不合理，那也有失公平。张三不行，李四也不怎么样，唯有自己出类拔萃。不能正视自身，没有自知之明，是好高骛远者的突出特征。他们总是沾沾自喜于过去某方面的那一点点成绩上，总是以己之所长去比人之所短，总是有一种怀才不遇、英雄无用武之地的感觉。

人脱离了现实便只能生活在虚幻之中，脱离了自身便只能见到一个无限膨胀的变形金刚。没有坚实基础的海市蜃楼只是梦幻；没有切实可行的方案和措施的空想只是胡思乱想，这是形成好高骛远者的人生悲剧的前奏。

还有，好高骛远者大都很懒惰，怕吃苦，怕困难，怕挫折。情绪消极，行动懒散，精神空虚，好逸恶劳，贪图享受。甚至还瞧不起那些吃苦耐劳者，也瞧不起每天应该做的一些小事，不屑于去做小事。小事不愿做，大事做不来，终致一事无成。眼看着别人硕果累累，他空有抱怨，空生妒忌，空留悔憾。这是形成好高骛远这一人生悲剧的关键原因。

在人际交往中，好高骛远者也是极不受欢迎的。对于地位高于他们的人，他们往往或趋炎附势、巴结谄媚；或轻视他人、唯我独尊。对于地位低于他们的人，他们则一律鄙视。结果，地位比他高的人看不起他；地位比他低的人也看不起他，贤士君子、普通人家都不愿与之为伍。他们就成了处处受鄙视、被抛弃的人，结果当然是悲惨的。

好高骛远，想一蹴而就，不但违反自然规律，而且寸步难行，只会使自己失意、失望、失败，加深挫折感而已。所以，要想成就高远宏大的事业，实现理想和追求，必须量力而行，从最细小、最微不足道的地方做起，脚踏实地地从跬步的积累抵达千里之外。

有一位禅师，在山林里隐居，每天除了参禅悟道之外，还对武术颇有研究，武术造诣很高。于是人们从四面八方慕名而来，想从他这里学到些武术方面的技巧和窍门。

当他们找到禅师时，发现他正从山谷里挑水。可他挑得不多，两只木桶里的水都没有装满。按他们的想象，禅师武功盖世，应该能够挑很大的桶，水也应当装得满满的。

于是，他们不解地问："大师，这是什么道理呢？"

禅师说："挑水之道并不在于挑多，而在于挑得，你们看我每次都是挑够用即可。如果一味地贪多，反而会适得其反。"

众人表示不解，为了解除他们的疑虑，禅师就从他们中叫出了一个人，让他重新去山谷里打了两满桶水。那人挑得非常吃力，走路重心不稳，摇摇晃晃，没走几步就跌倒在地，水全洒了出来，膝盖也摔破了。

"膝盖破了就不能正常走路，水就会洒出，这不是比刚才挑得还少吗？而水不够用的话，不是还得回头重打一桶吗？"禅师说道。

"那么，具体挑多少，要怎么估计呢？"众人又问道。

禅师笑了笑："你们看这个桶。"众人循声看去，只见桶的内侧画了一条线。

禅师说："这条线是底线，水无论多少绝对不能高出这条线，高于这条线就超过了自己的能力和需要。挑水之初还需要画上这样一条线，次数多了以后就不需要看它，凭感觉就知道水是多是少了。这条线是为了提醒我们，凡事要量力而行，而不要好高骛远。"

众人又问："那么这个底线应该定多低呢？"

禅师说："一般来说，越低越好，因为低的目标容易实现，人的积极性不容易受到挫伤，而且更有益于培养更大的兴趣和热情。照此下去，循序渐进，自然会挑得更多更稳。"

这个故事深刻地阐释了"量力而行"的价值和意义。现实生活中，不是你想样就可以怎样，而是你能怎样才可以怎样。我们做的每一件事情都会受到个人智力、体力、财力以及其他因素的影响与制约，如果我们不考虑这些因素，而只是凭着个人的好恶、凭着主观的愿望去做自己当时还无法做到的事情，我们就会备尝失败的痛苦，弄得自己心灰意懒。其实这是自己给自己找无谓的挫折。

量力而行实在是一门大学问。它不是提倡一种保守哲学，不是有力不用，而是提倡一种务实的、理性的精神，是一种积极进取的生活态度。如果自己的能力、条件和自己确定的目标相差很远，即使努力，也不可能达到，就应修改自己的目标，不要把目标定得那么高。目标虽然宏伟，但不能实现，也是空的。制定切实可行但不太远大的目标，比起宏伟而无法实现的目标来，要有意义得多。

量力而行更是一种生存的智慧，有了这种智慧，我们就会使自己的人际关系变得更健康，就会使自己在处理工作方面变得得心应手。更为重要的是，遇事量力而行，它能够使你在生活中如鱼得水、游刃有余，心情变得明朗，心境变得开阔，使心理变得更加年轻。因此，凡事一定要量力而行，实事求是，只有这样才能少受无谓的挫折，最大限度地去实现自我价值。切记，人生不是你想怎样而是能怎样！

杨安谈宽恕

◆一个懂得尽力而为和量力而行的人，是一个力量日益增长的人。

◆量力而行，当放就放，当止则止，才能轻松快乐的收获属于自己的那份成功。

◆与其幻想捷径，不如循序渐进。

读懂“要求”与“苛求”之间的区别

固然，就像我们一直强调的那样，作为一个人要想使得自己活得精彩，活得有意义，就必须心存希望和理想。在人的生命之中，希望和理想就像是一台给了我们无限动力的发动机，使得我们能够不断地要求进步。但是，这种希望和理想，是建立在一定的基础上的。是建立在一种能够实现的基础上的，而不应该像是水中花、镜中月一样的不实际。追求空中楼阁或者赶骆驼穿过针孔都是你的能力所不能达到的。因此，我们需要分清“要求”与“苛求”之间的区别。

要求是指切合实际的希望和理想。而苛求则是指过高的、不合情理的、不切合实际的希望和理想。

做任何事，保持中庸的平常心态是很重要的。我们固然要对自己有所要求的尽己所能、精益求精，但也不需苛求太过。否则，既不能得到修身养性的益处，又不能使心情愉快。长久下来，人生的画面也必定导致偏差。当一个人为了追逐幸福而不顾一切，会因以偏概全的缘故，使自己离幸福更加遥远。

要求而不苛求能让我们的人生更加坦然，更加洒脱，也会让我们的路更加好走。生活之中，有些人总是能够坦然面对生活的种种馈赠，面对成功不骄不躁，面对失败不灰心、不丧气，有着勇往直前的勇气和那份坦然面对苦难的洒脱。拥有一颗要求而不苛求的心，让我们面对生活无怨无悔，心灵也会更加轻松惬意。

要求而不苛求是阔步人生、坦然面对生活的人生态度。在我们人生的行走过程中，总有或多或少的羁绊和阻碍影响着前进的步伐，有时候甚至是自身无法突破的缺陷让我们无法到达成功的彼岸。因此，面对生活，我们有时难免感叹、埋怨，让原本的希望磨灭，让自信消退，让自卑和自负主宰生命的每一天。每当这个时候，我们就应该学会用一颗要求而不苛求的心面对生活，驱逐人生中的种种困难，以一种常人所不能匹敌的勇气和坚韧不拔的心去克服一切困难，将苦难变成坦然，将坎坷变为平坦，将痛苦化作微笑。用坚强做支柱，用一颗要求而不苛求的心，一路潇洒地走下去，那样我们的路将会更加好走。

就像一位作家曾经说过的那样：“聪明人一定不会苛求自己。”过多地苛求自己达到不合实际的境界，不但会影响到自己的发展，使自己过于疲惫，也会使周围的人备感压力，不堪重负。

要求而不苛求自己，这当然不是说对自己可以降低标准，降低要求。恰恰相反，不苛求自己，正是为了更好地要求自己，只是这种要求是建立在实际之上的，因而也是可能收到实效的基础上的。

一般来说，要求而不苛求自己主要有两方面的含义：

一是情感上的超脱。挫折、坎坷乃生活的题中之意。痛苦与欢乐同在，烦恼与幸福共存。成功的希望越大，失败后的痛苦就越深；智能越高，对苦闷的体验越敏感。要求一个神志清醒尤其是有进取心的人对挫折和失败无动于衷，是不现实的。正确的做法是如何迅速摆脱困境。超脱痛苦的情感，正是为了使现实的自我上升到理智的“超我”，从而实现自己的志向。

二是志向上的弹性处理。每个有进取心的人都有自己的志向目标。但是，制订了目标未必一定能实现。灵活地对待自己，就是要对目标的难以实现进行正确的归因，而不是一味地责怪自己无能、没出息。这就好比登山，这条路走不通，可以走别的路；一时登不上山顶，可以先登上半山腰。这种现实的灵活态度，倒可能最终把你引上“风光无限好”的山顶。

有一位名叫威廉姆斯的挪威探险家，从20岁开始环球旅行。40年后，他几乎走遍了世界上所有著名的荒原、丛林和深山峡谷。

1982年，在结束东非大裂谷一带的探险后，记者问他有何感想。他说：“我始终有两大遗憾：一是为世人遗憾，地球上有那么多瑰丽的景色，世人竟不得一睹；二是为景色遗憾，它们那么壮观美丽，而不为世人所知。”

1991年，他到新西兰的斯奈尔斯岛，这次旅行彻底改变了他的这种心态。

斯奈尔斯是新西兰南岛的一个小岛，由于远离新西兰本土，终年人迹罕至。威廉姆斯踏上这座小岛，发现这里竟生长着成片的公爵兰。这种兰，花姿奇秀、香味馥郁，在挪威乃至整个欧洲都被列为群芳之冠。看到这些兰花，他想：这些名贵珍稀的花卉如果在欧洲早就被呵护着去装点总统套房了，可是在这儿它们却寂寞地生长着，几百年甚至上千年都无人知晓。正当惋惜之情再一次从心底升起时，不经意间，他发现在一个小山崖上有一窝野蜂，它们正忙碌着，把兰花上的花粉和蜜带回蜂巢。威廉姆斯看着眼前的一切，十几年的迷惑好像一下子被解开了。他在当天的旅行日记中这样写道：这一片公爵兰，有这一窝野蜂不就够了吗？有什么可遗憾的呢？世界上奇绝的景色，有一两个探险家走近过、目睹过，不也就足够了吗？

不要抱怨造物主的不公，每个人都有自己存在的价值和意义，也不要因为自己出身卑微就丧失对生活的信心。别人有别人奢华的享受，我们也有自己安定的生活。笑看生活中的磕磕碰碰，要求而不苛求自己的人，才能坦坦荡荡地走好属于自己的人生之路。

成功的人和普通人之间的区别，就是成功的人能够清醒地认识自我，有要求却不苛求地制定出适合于自我发展的目标。而普通的人，却往往制定出比自身条件高的目标。正确的认识自身，制定出切合实际的目标，是有大智慧的表现之一。这要求我们在制订出人生发展计划的时候，要清醒地认识自我，从实际出发。

因此，无论何时，我们都要告诉自己，要有要求而不是苛求。要求能够使我们顺利地走向成功，而苛求却是诱发我们情绪消极、阻碍我们顺利地走向成功的障碍。

当我们读懂“要求”与“苛求”之间的区别，做到要求而不苛求时，我们就能平静地面对生活的恩赐和苦难，不以物喜，不以己悲，摆好自己的心态，让自己的每一天都过得充实而满足。并且，我们能坦然面对每一个人或每件事，不给自己的人生种下悔恨的种子，一路潇洒地拥抱生活的每一天。如此，我们的人生之路也会更加坦然，更加丰美。

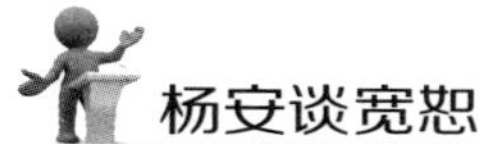

◆谁苛求没有缺点的朋友，谁就会没有朋友。

◆松树的风骨让人敬佩——要求于人的甚少，给予人的甚多。

◆太苛求的人，只会让自己的日子更难过。

事实上，人最重要的是做好自己

我们总是不由自主地去羡慕别人所拥有的东西，羡慕别人的工作，羡慕别人买的新房，羡慕别人的车子等，唯独忽视了一点，我们自己也可能是别人所羡慕的对象。

其实，没有谁的生活和世界是十全十美的，那些我们所羡慕的人也在承受着他们的不如意，正所谓家家有本难念的经。人的虚荣本性使自己只愿把风光的一面展示给人，又有谁能真正看到别人风光的背后呢？很多时候，得到的就是所承担的，每件事都像硬币一样有正反两面，有正面就有负面。而且，每个人的处境都不同，没有任何人可以模仿和复制他人的世界。所以，我们没有必要去和别人比，这样很容易让我们偏离自己的目标，到头来空自后悔。人最重要的是做好自己。只要我们能做好自己，让自己变得更强，这样我们就已经是一个能摘取理想果实的成就者了。

做好自己，不是一意孤行、孤芳自赏，而是正确认识自己后的自信，是对生命的一种超越。曾有人问一位哲人："你的偶像是谁？"哲人响亮地回答："我的偶像是真正的我。"听完这番话，你是否觉得他清高？是否觉得他狂妄？不，他是值得人敬重的，因为这是他在正确认识自己后涌动出的对拥有巨大潜能的真我的肯定。

一个人最大的悲剧莫过于一生都没有发现蕴藏在自身的无穷无尽的财富。1分钱和20元钱如果都被扔在海底，它们的价值就毫无区别。只有当你把它们捞起来按惯有的方式花掉的时候，才会有区别。只有当你做好自己，努力发掘自我，利用你的巨大潜能时，你的价值才成为真实的和可见的。

看看现实生活中那些由于不能看清自我而盲目崇拜、模仿他人的年轻人。这位哲人难道不是智者？当然是。因为他永远不会屈服于世人的闲言碎语，永远不会在徘徊中迷失真我、最终丢失真我。

在价值多元化的今天，冷静地看待自己，看到自己的长处和短处，充分地做好自己是种莫大的智慧。比如，你很有才能，但却每天从事枯燥乏味的行政工作时；当你所在的企业把你列入下岗名单时，你就不要再固守那些钻"牛角尖"的观念，要在有限的生命里程中创造尽可能多的财富。

再比如，一个笨学生在解一道数学题的时候，总想着该怎么归纳推理，却又不得其解，这时就应试着用演绎的方法去解。换言之，我们完全可以按自己的想法行事，可以不一条路走到底。已经陷入牛角尖的人，你可以设法钻出来，重新回到牛角尖外的乐园里。

在我们身边，常看见这样的情况，当一有人说某种生意赚了钱，就会有其他人也来试试看，这样一窝蜂地做生意，结果形成恶性竞争，倒闭事件层出不穷。这就是不能判断自己，总是羡慕别人，想模仿别人，而使彼此发生困难。

现在社会上也有一些类似的趋势：随着一浪高过一浪的英语热、钢琴热、计算机热、舞蹈热、美术热、足球热等，父母总是把孩子送去学那些他们认为他们的孩子该掌握的东西，全然不顾孩子的兴趣、资质、天赋、承受能力，完全替子女选择好了人生之路。如果他们的孩子稍大一些，在稍明事理的时候，在能自己有所抉择的时候，就应该按他们自己的兴趣、喜好、身体条件等进行重新选择，否则就会陷入牛角尖而不能自拔，庸庸碌碌，终其一生，这不仅是一种生命的至大浪费，也是真我迷失的巨大痛苦。

有这样一个寓言故事：

有一天，小猪觉得太无聊了。他嘟囔着："真烦，总该有什么好玩的事情吧，我去找找看！"于是，他小跑着出去了。跑到路边，小猪看到长颈鹿在吃树梢上的叶子，他一个劲地盯着人家瞧，"我敢说，做长颈鹿一定很刺激！"小猪想到了一个绝妙的主意！

小猪跑回去做了一对高跷，然后踩着高跷散步去了。

路上，小猪遇到了大象。"嗨，"小猪和大象打招呼，"我是一只了不起的长颈鹿，我可以看到很远的地方！"

"你不是长颈鹿。"大象大笑着说，"你是一只踩着高跷摇摇晃晃的小猪，你最好小心一点！"小猪气呼呼地走开了，可是没走多远，砰！高跷断了，小猪摔了。"哦，天哪！"小猪一边掸着灰，一边感叹，"看来长颈鹿不适合我，我要去寻找更刺激的探险！"还没走出两步，小猪又想到了一个好主意！他在自己的鼻子上绑了一根长长的管子，在耳朵上绑上了两片大树叶，他踩踩脚，又出门了！“嗨！”小猪和袋鼠打招呼，“我是一只了不起的大象，我会用鼻子喷水！”

“你不是大象！”袋鼠大笑着说，“你是一只插了塑料管子的小猪！”小猪刚想争辩，突然，“阿……嚏……”，他打了个大大地喷嚏，把塑料管子喷飞了！“嗯，”小猪哼哼着，“当大象一点都不好玩，不过，当袋鼠一定很有趣！”

于是，小猪在自己的脚上绑上了两根大弹簧，然后他踩着弹簧，一蹦一跳地出门去了。

小猪和鹦鹉打着招呼，“嗨，我是一只了不起的袋鼠，我能跳得跟房子一样高！”

“你不是袋鼠，你是绑着弹簧的小猪！再说你跳得也不高。”鹦鹉大笑着说。

小猪气坏了，他拼命地跳了一下，结果他被倒挂在树上，他在树上晃啊晃啊，“唉，要是我会飞就好了！”他气喘吁吁地从树上爬下来。不过，这样一来，他又决定成为一只鹦鹉。

他找来贝壳和羽毛，给自己做了一对翅膀和一个大鸟嘴，然后，他背着翅膀出门去了！

“我是一只了不起的鹦鹉，你的眼睛能看多远，我就能飞多远！”他向猴子炫耀着说。

“你不是鹦鹉！”猴子大笑起来，“你是一只披着羽毛的猪，猪不会飞！”他真的没飞起来，就像一块大石头一样，一头扎进了泥潭里。

“真倒霉！”他躺在泥潭里拍打着泥巴，“事情都搞砸了，当小猪一点乐趣也没有！”

就在这时，旁边传来一个声音，“你说什么？当小猪怎么没乐趣了？我就是猪，在泥潭里打滚很好玩呀，你试试吧！”

于是，小猪也跟着滚来滚去……

他滚得越多，身上就越脏，他心里就越快乐！

“太棒了！”小猪高兴得大叫，“原来当小猪是最开心的事情呀！”

是的，做好自己才是最开心的，也是最重要的。许多时候，人们往往对自己拥有的幸福熟视无睹，却觉得别人的幸福很耀眼。实际上，也许别人的幸福对自己不适合，别人的幸福也许正是自己的坟墓。这个世界多姿多彩，每个人都有属于自己的生活方式，每个人都是完整而独立的个体，都有特别的优点。当我们做好自己，我们就能最大限度地发挥自己的特长，让自己的潜能的火山有一个爆发口。

何必去羡慕别人？人最重要的是做好自己，安心享受自己的生活和幸福，才能拥有一个最真实、最圆满的人生。

别再迷茫，别再彷徨，让我们顺应自己内心的呼唤，用自己的能力打造更好的自我，用自己始终不渝的信念去照亮辉煌的人生吧！到那时山涧的溪水定将汇成江河，洁白的浪花定将击出海洋。

杨安谈宽恕

◆做好自己是一种关乎成功的巨大智慧。

◆不愧于人，则不畏于天。

◆做好自己，内有正气，外端言行。

第二章

明心见性，宽恕源自于对自我的一种清晰认知

清晰的自我认知是成功和财富的源泉。但是，在生活中，不少人一方面期待并努力去了解和认识自己，另一方面又戴着有色眼镜误导和阻碍自己做出正确的判断。因此，摘下“自我”认知的有色眼镜，走出这些心理误区，也就成了认识自己和走向成功的必由之路。

很多时候，我们都是在奔跑中迷失

现代人似乎就是喜欢奔跑着的快节奏生活。因为可以挤时间做点别的自认为“有用”的事情，所以洗衣少不了全自动，吃饭少不了进食堂或叫外卖，出门少不了要乘车。快节奏可以提高工作效率，一分钟能在电脑上敲200个汉字，一小时能开三个会议，一天能看完一部名著，一个月能把半年的推销计划做完，多棒啊，加速了工作运转，增加了可炫耀的资本，带来了更多的利润和财富。

奔跑着的快节奏可以让人精神振奋，说得快，做得快，反应快，总是与敏捷、聪慧、灵活的评价相联系，它帮我们超过别人，让我们自我感觉良好，充满了自我价值感；听摇滚乐，跳街舞、肚皮舞，大声吼唱，喝酒骂娘，通宵达旦，太过瘾了，让人表达自我、宣泄烦闷、亢奋机体；蹦极、攀岩、飙车，紧张刺激，玩的就是心跳，给灰暗的生活涂抹亮色。

在这样的奔跑中，我们越来越迷失了自我——职业女人早已体味不到给孩子做衣服、织毛衣、亲手刺绣和陪孩子做游戏的快乐和宁静；忙于挣钱的男人们，也无法常回家看看，帮妈妈洗洗筷子刷刷碗，陪老爸聊聊天说说工作上的事情，想起父母常会心怀内疚；读书的孩子满脑子数理化公式和政治地理，却对这些不感兴趣，不知学这些有何用处；周末赶场子的孩子练绘画、练钢琴、练舞蹈，却很不情愿，一脸茫然。

在这样的奔跑中，我们越来越找不到自我——我们不断用电视DVD、逛街购物、打麻将、斗地主、网络游戏、酒精、尼古丁充塞每一点空余的时间，一旦停下来，一个人静下来，就会忽然不知所措，空虚无聊，焦躁不安。大脑的兴奋之后是抑制，身体的亢奋之后是疲软，心灵的热闹之后是凄凉，生活的节奏慢下来之后是无边的空寂。于是，人们工作时再次加大强度，休息时再去寻找刺激。我们需要奔跑着的快节奏生活就像有毒瘾者需要海洛因，而奔跑着的生活既让人紧张、兴奋，又让人疲惫不堪，形成恶性循环。

美国印第安纳大学心理学教授和认知专家理查德希夫林说："这个加速系统中的瓶颈就是我们的头脑。如果我们总想努力跟上，加速的代价便是我们对事物的回应不再经过思考，变成一种单纯性反应。"

心理学家发现，许多都市人在高效率的工作节奏中感到精神疲惫，没有满足感，主要是因为其"吝啬"拿出时间来进行心理上的自我整理，因而越来越模糊自己的内心真正想要什么，进而迷失了真我，也找不到生活的具体目标和生存的意义。

心理学家还指出，由于都市人长期处在奔跑着的生活中，大脑经常处于紧张、连续快速运转的状态。应接不暇的生活与工作使大脑得不到应有的休息和轻松，精神压力过大，往往产生紧张、沉重、不安和忧虑感，身体也出现了一些类似神经官能症的症状。例如，烦躁不安、精神倦怠、失眠多梦等神经症状，以及心悸、胸闷、筋骨酸痛、四肢乏力、腰酸腿痛和性功能障碍等症状，甚至可能引发高血压、冠心病、癌症等疾病。

生理医学专家研究发现，在患内分泌功能失调症的病人中，有1/6的患者与“快节奏生活”有关；快节奏工作还会使女人提前衰老，一项调查显示，在30多岁的白领女性中，有27%的人存在着不同程度的隐性更年期现象。

根据2006年中国医师协会医师健康管理与医师健康保险专业委员会联合北京慈铭健康体检连锁机构公布的北京市“健康透支十大行业”社会调查结果显示，IT精英和企业高管亚健康的比例名列前茅，分别为91%和86%，这些人群已成为高血压、高血脂、高血糖“三高”疾病的“主流人群”。

演艺圈明星也未能幸免，由于演艺工作的特殊性，明星们往往要承载着比常人更多的压力和困惑。一份来自慈铭的调查数据显示，在所调查的186位文体明星中，心电图异常者占46.5%，血脂异常者占43.5%，患脂肪肝者占33.9%，血压增高者占16.1%，超重者占37.1%，其中血脂异常率超出普通体检人群（22%）近1倍。

当然，在现代社会，有些人奔跑着的快节奏生活方式是必然的，想办法“劳逸结合”，受其益而避其损，以使自我不在奔跑的生活中迷失，保障自我的健康是我们每位现代人应当学会的。

1. 对“快节奏”要有正确的思想认识

社会向现代化发展，我们应该顺应时代潮流，适应社会的需要，采取科学的生活方式，从思想上来积极迎接“快节奏”的到来。

2. 合理安排自己的生活

要根据自己的生活、工作、学习的实际情况，一年四季的气候变化，身体的健康状况及对工作、学习的应对能力安排好一天、一周、一月的生活内容，明确什么时候应该做什么事，不随意变动，并要使合理的生活成为一种制度并加以落实，使之成为习惯。

3. 要有劳有逸，劳逸结合

不论体力劳动者，还是脑力劳动者，当一天的工作结束以后，应该有让精神和体力恢复的时间，每周也应有一至两天这样的休息时间。可以听听音乐、看看影视、散散步等，做到劳逸结合，让体力和精力有足够的恢复时间。

4. 保持乐观的心态

平时不可为繁杂的琐事而烦恼，也不可为一时的忙碌而心情紧张。即使感觉生活和工作很烦、很累，也要学会苦中作乐。

5. 不要把工作带回家

有人主张把一部分工作带回家去做，这样做可以尽快完成工作，也延长了与家人待在一起的时间，仿佛是两全其美的事。但你是否想过，把工作带回家的同时也把职场上的压力与焦虑带回了家。所以下班了就把工作留在办公室，尽量不要将工作带回家中（即使是迫不得已，每周在家里工作的次数也不能超过两个晚上）。

6. 每天下班前，抽出一小时来总结

工作了一天，身心俱疲，所以建议你在下班前的一小时停止工作，为自己列一个清单，总结一下今天都做了什么，弄清哪些是你今天必须完成的工作，哪些工作可以留待明天。这样你就有充足的时间来完成任务，从而减少工作之余的担心。

7. 把自己遇到的麻烦和困难写下来

工作当中会遇到各种困难，能及时解决最好，但是对于棘手的，不能及时解决的，那就拿起笔和纸，一口气将所遇到的困难或是不愉快写下来，写完后将那张纸撕下扔掉。

8. 在家门口放一个杂物盒

购买或制作一个大篮子或是木头盒，把它放在门口。走进家门后立即将公文包或是工具袋放到里面，在第二天出门之前绝不去碰它。

9. 打造整洁的居所

一个杂乱无章的家会给你一种失控的感觉，从而放大了白天的压力。睡觉前花上 5 分钟收拾一下住所，第二天你就可以回到一个整洁优雅的家，从而使自己更好地从奔跑中的紧张中放松下来。

“腾不出时间休息的人，终有一天要腾出时间生病。”奔跑着的快节奏生活给现代都市人带来丰厚物质回报的同时，也给他们带来了心灵的焦灼、精神的疲惫、职业资源的枯竭以及健康的每况愈下，这些“和时间赛跑的人”终于发现，眼前的“快”已使自己越来越迷失，使自己离健康的生活和生命的本质越来越远。因此，我们一定要善于从心理上作自我解脱，合理安排自己的生活，做到忙而不乱，累而不烦。这样才能真正获得生活的幸福、心灵的安宁和内心的丰富。

杨安谈宽恕

◆好事不在奔跑中取。

◆万事常在奔跑中错。

◆谁不会张弛有致，谁就不会取节有度。

摘下“自我”认知的有色眼镜

古希腊德尔斐古城的阿波罗神庙前竖立着一块巨大的石碑，上面镌刻着看似简单却意义深奥的神谕：“认识你自己”。相传哲学大师苏格拉底正是受到这句箴言的启发，第一个发出“我是谁?”的自问，开创了“认识自己”的哲学命题。法国思想家蒙田说过：“世界上最重要的事情就是认识自我。”成功学大师拿破仑·希尔也说：“一切的成就、一切的财富都是始于自我认知。”在古代中国，也有诸如“知人者智，自知者明”“知己知彼，百战不殆”等自我认知的警言。充分和客观的自我认知，是实现一切人生理想的前提基础。

所谓自我认知，在社会心理学中被解释为一个人对自身及其外界关系的认知。正确的自我认知能成为我们收获人生累累硕果的强大基石，但是却并不是轻而易举可以实现的。当人们在自我认知的基础上以各种方式认识、评价自己时，经常出现这样的情况：许多人一方面期待并努力去了解和认识自己，另一方面又同时戴着有色眼镜误导和阻碍自己做出正确的判断。

有色眼镜之一：拒绝认识自己。

有的人出于对自身某方面的不满足，害怕正视那个并不完美的、有某种缺陷的自我，不适当地采取了不接受或不承认本来面目的态度，“伪装”成另外一副样子出现在别人面前，从而陷入虚伪之境。他们以为这样做能在别人眼中建立另一个“理想形象”，其结果却只能是事与愿违。

有色眼镜之二：尽量为自己开脱。

金无足赤，人无完人。车尔尼雪夫斯基曾经说过：“我们简直不能设想人类美的一切声调都凝聚在一个人身上。”这些道理虽然大家都明白，可是，在人们认识自己的心灵历程上，自我肯定却往往强于自我否定，甚至有时到了自我欺骗的程度。有的人为了保持已获得的自我满意但并不真实的形象，害怕正视那个并不完美而有缺陷的形象，避免心灵上的不协调与不愉快，往往强迫自己接受幻想中的理想形象，并有意无意地采取自我蒙骗的方式对自己撒谎，或找出种种理由为自己开脱，以求在幻想中求得自我的慰藉。

有色眼镜之三：自我认知和自我评价走极端。

心理学研究表明，在每个人身上都有两种自我，即现实自我和理想自我。有人对目前自己是个什么样（即现实自我）的估计过高，自以为完美无缺，自恃清高，什么都自我感觉良好；有人则对现实自我估计过低，自以为什么都不如别人，过分谦虚，唯唯诺诺。这种心理时常令自己的认知和评价受情绪和环境的支配，忽冷忽热，忽左忽右，没有连贯性，其表现为胜骄败馁、顺喜挫悲、飘忽不定。

有色眼镜之四：自我认知走向扩大式自我联系。

由于对自己的认知缺乏客观的基础，有的人盲目地把自我认知扩展到与自己有一定社会联系的人（如亲属、好友等），倘若这些人有才华、有学问、有名气，或有权、有势、有地位，仿佛自己也变得和他们一样了，于是便飘飘然、晕晕乎，忘了“王二哥贵姓”。

有色眼镜之五：把自己某个方面素质的认定扩散为对整个现实自我的全面认定。

荀子曰：“凡人之患，蔽于一曲，而暗于大理。”但是，有的人自我认知的视野偏偏执拗于“一曲”，对自己的这一方面有所认识，对另一方面却茫然无所知，更有甚者，更是把单项认定扩散为全面认定，仿佛一好百好，一木成林。

有色眼镜之六：自我认知受他人暗示。

社会心理学研究揭示：年龄小的、自信心低的、知识水平低的、社会阅历浅的青少年，比较容易接受他人的暗示；当一个人处在情况不明或困难的时刻，也容易接受他人的暗示。然而，自我认知与自我评价的一个突出特点，就是以别人对自己的评价作为参照点。因此，这类人在自我认识与自我评价时，很容易被他人的暗示所影响，如果对他人发出的信息缺少细致的分析和评审，往往会把别人对自己的评价无条件地接受下来加以认定，而不管这些评价是否符合自己的情况，以致干扰自己的认识。

有色眼镜之七：自我认知受过分自我期望的影响。

一个人的自我认知与评价往往取决于本人的自我期望，而人对自己情有独钟也是常情。当一个人偏爱自己而又爱不得法、自我期望过分时，往往导致当事人不能正确地认识与评价自己，使人变得自满自足，脱离实际，一旦期望破灭后又极易走向反面。

有色眼镜之八：自我认知易受心理定式效应的影响。

心理定式，是指人们按照一种固定了的倾向去反映现实，从而表现出心理活动的趋向性、专注性。先入之见就是一种消极的定式，一旦对自己有了某种认定，就会时常以这种认定为框框，并自觉不自觉地拿这个框框去套释以后的行为，时常“一叶蔽目，不见泰山”。

有色眼镜之九：明于知人，黯于知己。

一个人评价自己的能力，往往没有评价别人的能力高，评价别人时头头是道，评估自己却常常偏颇，其结果往往导致当事人对自我的评估要比真实的自我完美得多。

生活中，许多人往往只会感叹不了解别人，却以为认识自己很有把握。殊不知，现实生活中窥不破自己内心世界秘密的人比比皆是。譬如，那些妄自尊大或者妄自菲薄的人、自轻自贱或者自我膨胀的人，究其主观原因，大多在于认识自己时有失偏颇，不能摆脱怪圈的束缚，走不出自我认知的心理误区，自然无法正视自己，走向成功。

凡此种种，构成了自我认知的有色眼镜，犹如眼睛看不见自己的睫毛，以人蔽己，以己蔽人，从而生出种种糊涂来。摘下“自我”认知的有色眼镜，走出这些心理误区，既是认识自己的必由之路，也是走向成功的先导。

首先，要摘下“自我”认知的有色眼镜就要敢于直面人生，坦然面对鲜活的自我。任何人都是一个集优点与不足于一身的矛盾统一体，要摆脱巴纳姆效应（产生的原因是主观验证），首先就要勇敢地面对自我，特别是自我的不足与缺陷的一面。

其次，我们要培养自己对有效信息的判断力。如果我们能够多方面地收集有效信息并进行及时的分析与判断，对于还原事情的本来面目，清醒认识自己都是大有好处的。

再次，以人为镜，通过与自己身边的人的各方面的比较来认识自己。在比较的时候，对象的选择至关重要。找不如自己的人做比较，或者拿自己的缺陷与别人的优点做比较，都会失之偏颇。因此，要根据自己的实际情况，选择条件相当的人做比较，找出自己在群体中的合适位置，这样认识自己，才比较客观。

最后，通过对重大事件，特别是重大的成功和失败认识自己。重大事件中获得的经验和教训可以提供了解自己个性、能力的信息，从中发现自己的长处和不足。越是在成功的巅峰和失败的低谷，就越能反映一个人的真实性格。

此外，美国著名心理学家马尔茨的心理“处方”也可以作为参考：必须能接受你自己，必须有健全的自尊，必须信任自己，必须有不以为耻的自我，能随心所欲表达创造的自我，千万不要把自我深藏、压抑，必须有与现实相吻合的自我，以求在现实世界中有效地发挥功能，必须认识自己——包括你的力量与你的弱点，并且加以承认，你的自我形象必须合乎“你本人”，不多也不少。

总而言之，摘下“自我”认知的有色眼镜的方法有千万种，秘诀在于实践，在于体验。让我们在真正的生活中摘下“自我”认知的有色眼镜、抛开自我认知的怪圈、走出自我认知的误区，跨入真正认识自己的心灵历程吧！

杨安谈宽恕

- 最难的事情就是认识自己。
- 自我认知是最难得的知识。
- 不会认知自己，就不会认知别人。

那些真的是你在意或者重视的吗

曾有一位智者说过：“没有边际的欲望是幸福的最大障碍。”的确，假如一个人感觉沉重而不幸福的时候，并不是因为老天对你不公，而往往是你的欲望超出了你所能承受的底限。我们都知道，我们每个人所拥有的财物，无论是房子、车子、票子等，不管是有形的，还是无形的，没有一样是属于你的，那些东西不过是暂时寄托于你，有的让你暂时使用，有的让你暂时保管而已，到了最后，物在何处，都未可知。这就是佛祖曾说的一句偈语：“钱财身外物，悭贪难受益，纵积千万亿，身地带不去。”

虽然明知如此，不过在现实生活中，还是有不计其数的人将身外之物看得比任何东西都重要。有的人为了满足自己的虚荣心，如愿嫁入“豪门”，却毫无幸福可言；有的人为了让自己看起来很有派头，不惜刷爆信用卡为自己“置装”，却在面对银行催款的时候叫苦不迭；也有的人为了追逐名利，甚至赔上自己的性命……其实，那些真的是我们内心在意或者重视的吗？

要知道，我们一切的追求、一切的喜好都是出于价值观的支配。每个人价值观的建立都包含两个方面：一是内在需求，即自己真正在意或重视的。一是社会不成文的风气或者说规则。

美国著名心理学家詹姆斯说过这样的话：“人性中最深切的本质就是被人赏识的渴望。”每个人内心深处，真正在意的都是被人认知和欣赏的自我价值。换言之，在意的是自我价值的实现，在意的是自我身心全面自由的发展。也就是我们通常说的爱、幸福和伟大理想的实现。

但是有些不健康的社会风气，异化了人的生命体，蒙蔽了人对真正需求的认知。于是，不少人秉承身外之物来连接、满足本质的需求，这又怎么会不南辕北辙呢？这样，我们就可以看到，在生活中，那些一味追求身外之物和附加价值的人，即使拥有再多物质，内心都迷乱而空虚。且占有欲越多，占有的越多，生命体越会被异化，内在真我越会迷失，内在真实需求越不被满足。迷茫、焦虑、烦恼、绝望重重滋生，心理危机像黑夜一样，覆盖了整个世界。幸福快乐像朗月一样，可望而不可即。

过去有个大富翁，家有良田万顷，身边妻妾成群，可日子过得并不开心。

挨着他家高墙的外面住着一户修鞋的，夫妻俩整天有说有笑，日子过得很开心。

一天，富翁的小老婆听见隔壁夫妻俩唱歌，便对富翁说：“我们虽然有万贯家产，还不如穷鞋匠开心!”富翁想了想笑着说：“我能叫他们明天唱不出声来!”于是拿了两根金条，从墙头上扔过去。修鞋的夫妻俩第二天打扫院子时发现不明不白而来的两根金条，心里又高兴又紧张，为了这两根金条，他们连修鞋的活也丢下不干了。男的说：“咱们用金条置些好田地。”女的说：“不行！金条让人发现，别人会怀疑我们是偷来的。”男的说：“你先把金条藏在炕洞里。”女的摇头说：“藏在炕洞里会叫贼娃子偷去。”他俩商量来，讨论去，谁也想不出好办法。从此，夫妻俩饭吃不香，觉也睡不安稳，当然再也听不到他俩的笑声和歌声了。富翁对他的小老婆说：“你看，他们不再说笑，不再唱歌了吧！办法就这么简单。”

鞋匠夫妻俩之所以失去了往日的开心，是因为得了不明不白的两根金条。为了这不义之财，他们既怕被人发现怀疑，又怕被人偷去，有了金条不知如何处置，所以终日寝食难安。就像这对穷夫妻一样，当我们无法弄清什么才是自己真正在意和重视的事，即使拥有了曾经想要的东西，也会失去了幸福快乐的感觉。

在南方的一个古镇上有一个铁匠铺，铺里住着一位老铁匠。主要以打制一些铁锅、斧头为营生。他的经营方式非常古老和传统，人坐在木门旁，货物摆在门外，不吆喝，不还价，晚上也不收摊。你无论什么时候从这儿经过，都会看到他在竹躺椅上躺着，眼睛微闭着，手里拿着一个陈旧半导体小收音机，身旁是一把紫砂壶。他每天的收入，正够他喝茶和吃饭的。他觉得自己老了，目前的生活既悠闲又惬意，因此非常满足。

一天，一个古董商人从老街上经过，偶然间看到老铁匠身旁的那把紫砂壶古朴雅致，紫黑如墨，有清代制壶名家戴振公的风格。他走过去，顺手端起那把壶。发现壶嘴处有戴振公的印章，商人惊喜不已，因为戴振公在世界上有捏泥成金的美名。据说他的作品现在仅存三件，一件在美国纽约州立博物馆里，一件在中国台湾故宫博物院，还有一件在泰国一位华侨手里。

商人想以15万元的价格买下那把壶。当他说出这个数字时，老铁匠先是一惊，后又拒绝了。因为这把壶是他祖辈留下来的，他们几代人打铁时都喝这把壶里的水，他们的汗也都来自这把壶。

壶虽没卖，但商人走后，老铁匠有生以来第一次失眠了。这把壶他用了近60年，并且一直以为是把普普通通的壶，现在竟然有人要以15万元的价钱买下它，他转不过神儿来。

过去他躺在椅子上喝水，都是闭着眼睛把壶放在小桌上，现在他总要坐起来看一眼，这让他非常不舒服。特别让他不能容忍的是，周围的人们知道他有一把价值连城的茶壶后，蜂拥而来，有的打探他还有没有其他的宝贝，有的甚至开始向他借钱。他的生活被彻底打乱了，他不知该怎样处置这把壶。

当那位商人带着20万元现金再一次登门的时候，老铁匠再也坐不住了。他招来自己的几房亲戚和前后邻居，当众把那把价值连城的壶砸了个粉碎。

现在，老铁匠还在卖铁锅、斧头，他已经98岁了。

对于真正享受生活的人来说，任何不需要的东西都是多余的。如果不能让自己内心更幸福快乐，而是给自己增添了烦恼和困扰，要那么多的钱干什么？对于老铁匠来说，房子再大，适合睡眠的却只是一张床；锦衣玉食并不合他的心意，粗布衣衫才让他觉得舒适，充实劳作才让他觉得踏实。而这样的生活，需要那么多的身外之物干什么？奢恋身外物的人，很难得到温暖，孤单和寒冷会一直抓住他们，让他们彻底迷失自己。

因此，我们应该冷静的洞悉自己内心真正在意和重视的需求，平静地面对生活给予的一切，不要被不良风气影响，而任由贪欲这个没有止境的黑洞来蒙蔽我们的视线、洞穿我们的心灵。

在俄国诗人涅克拉索夫的长诗《在俄罗斯，谁能幸福和快乐》中，诗人找遍俄罗斯，最终找到的快乐人物竟是一位枕锄瞌睡的农夫。是的，这位农夫有强壮的身体，能吃、能喝、能睡也很能干，从他打瞌睡的倦态以及打呼噜的声音中，流露出由衷的开心和自在。这位农夫为什么能快乐？因为他很清楚地知道自己真正在意和重视的是内心的踏实感和快乐感，所以他并不在意身外之物，而着重追求自己真正需求的。

抛弃对身外之物的贪欲吧，那些并不是我们内心真正在意和重视的。在人生中，只要我们以积极的心态去全面发展自己的身心，乐观向上，我们内心的真实需求就会越发得到踏实而深刻的满足，生活的趣味就会更浓厚，美好的日子就会永远与你相随。

杨安谈宽恕

◆贪欲是众恶之本；寡欲是众善之根。

◆常思贪欲之害，常怀律己之心。

◆人生价值不能和商品价值相提并论。

静下来，删减掉那些不必要的贪念

人是很奇妙的生物，因为我们内心无时无刻不充满着欲望。适度的欲望能激励我们奋发前进，实现目标，但是如果无时无刻不在极力地将想要的事物收缴于自己囊中，不顾自己内心的真实需求，不知满足地索求财物、金钱、美色等，就成为了不必要的贪念。

贪念就像是永远填不满的无底洞。越贪婪的人，就越会失去更多。因为贪婪，他们不知道什么叫满足，而因为不知道满足，他们反而失去了真正重要的和本应该得到的东西。

据说上帝在创造蜈蚣时，并没有为它造脚，而它可以爬得和蛇一样快。有一天，它看到羚羊、梅花鹿和其他有脚的动物都跑得比它快，心里很不高兴，便嫉妒地说："哼！脚越多，当然跑得越快。"

于是，它向上帝祷告说："上帝啊！我希望拥有比其他动物更多的脚。"

上帝答应了蜈蚣的请求。他把好多好多的脚放在蜈蚣面前，任凭它自由取用。

蜈蚣迫不及待地拿起这些脚，一只一只地往身上贴去，从头一直贴到尾，直到再也没有地方可贴了，它才依依不舍地停止。

它心满意足地看着满身是脚的自己，心中暗暗窃喜："现在我可以像箭一样地飞出去了！"

但是，等它开始要跑步时，才发觉自己完全无法控制这些脚。这些脚劈里啪啦地各走各的，它非得全神贯注，才能使一大堆脚不致互相绊跌而顺利地往前走。

这样一来，它走得比以前更慢了。

过度的欲望让蜈蚣步伐缓慢、举步维艰，人的心里一旦产生过度的欲望，终有一天，也会产生超载的现象，而这种负荷的结果是不堪设想的。

在生活中，我们之所以久久陷入烦恼，正是因为心中存有不必要的贪念，这些贪念时时刻刻束缚着我们的内心，同时也束缚了我们的生活。试想：如果我们的内心一直处于十分平静的状态，贪念和烦恼自然也就无安身之地，这样我们才能更容易地排除外物的诱惑，才能将事情进展得更为顺利。

但是，生活中却有很少的人能够达到这种境界，因为世间总有不尽的诱惑在缠绕着我们，束缚着我们的内心，最终也不能将事情进展得更为顺利。然后，再生出烦恼，再将事情弄糟……如此地恶性循环，于是抱怨、愤怒、嫉恨等一些负面的情绪就接二连三地缠绕着你，你的生活自然也没有什么快乐而言了。当你真正静下心来细细思考的时候，就会明白，其实干扰你的并非是外界环境，而是不必要的贪念。

从前有一户穷苦人家，家住深山中。有一天，母亲要求16岁的儿子到山下去打些油回来。在离开之前，母亲就递给儿子一个大碗，并不时地嘱托他："你一定要小心，家里最近经济真的很紧张，你绝对不能把油给洒出来浪费了。"

儿子小心地应和着，过了很长时间才下山来到母亲指定的店里买油，儿子心想：下山一次太不容易了，不如多打点回去，只要自己走路小心点，一定会安然地把油端回家中的。于是，他就让油店伙计把他的碗全部都装满了油。他小心翼翼地端着装满油的大碗，一步步地走在山路上，不敢左顾右盼。十分不幸的是，在快到家的时候，由于内心紧张没有看前行的路，他一下子踩进了一个小坑中。虽然没有摔倒，但碗里的油却洒掉了1/3。他十分懊恼，而且紧张得手都开始发抖，无法将碗端稳。回到家里后，油洒掉了一半。母亲看到装油的碗时，感到有些生气，对儿子不客气地说："不是说好让你小心点吗？为何还是洒掉了这么多油，白白浪费了那么多钱！"儿子心中十分难过。

这时候，爸爸听到了，过来了解情况。随后，他就不停地安慰儿子，并私下里对儿子说："我再派你去买一次油，这次你只要买半碗就可以了，并且你在回来的途中多观察你周围的人与事，回来后给我一个报告。"

儿子又勉强下山了，但是他的心中不再紧张，因为他想只有半碗油，无论如何也洒不掉的，于是心情极为轻松。也就在回家的途中，他才发现路上的风景真的很美。远方有翠绿的山峰，又有农夫在田中唱歌。一会儿，又看到路旁边的一群小孩子玩得十分开心，而且还有一群小狗卧在那儿晒太阳。儿子就这样一边走一边看风景，不知不觉地就回到了家中。当儿子把油交给父亲时，才发现碗里的油好好的，一滴都没有损失掉。

一切烦恼皆由心生，就像这位打油的儿子一样，第一次由于油装得太多，所以心存顾虑，做事缩手缩脚，放不开，最后反而将油弄洒了。后来，由于油装得少，所以才放下了心中的顾虑，轻松地完成了任务。

所以，在生活中，我们一定不要有太多的贪念。每个人的世界都是由自己的内心建造的。如果你有不必要的贪念，你就是在将忧郁、困苦、恐惧、失望种在内心，那将会使你的生命变得愁苦、悲痛；如果你静下来删除不必要的贪念，就等于将平和、安详、乐观融入心中，那将会使你的生命变得清明、透彻起来。

正如汤玛斯·富勒所说：“满足不在多加燃料，而在于减少火苗；不在于累积财富，而在于减少欲念。”人是一种有欲望的动物，而且不同的人，其所拥有的欲望也不尽相同。有人贪图名利，有人留恋肉欲，还有人则希望得到丰富的物质世界……在这些欲望中，最危险的要数物欲，即对金钱和物质的留恋。许多本来有才能，也有希望成功的人，就是因为一个“贪”字而毁了自己。贪念不仅会使人的精力和体力双重透支，还会带来无穷尽的麻烦和烦恼。

因此，要想走得更远，发展得更好，必须静下来，删除不必要的贪欲。就像禅学所说的那样：宁可一千次容许窃贼从你的居室里盗去你最宝贵的珍宝，也不容许你精神上的敌人——混乱病态的思想：贪婪、忧虑、嫉妒、恐惧闯入你的心灵，窃去你内心的平安，盗去你内心的恬静。因为失掉了心中的平安与恬静，生活不过就像活坟墓。

当我们能够静下来，删除不必要的贪念，日日更新、时时自省时，就会摆脱世俗的困扰，清除心灵的尘埃，使我们从欲念的无底深渊中得到释放与自由。

在仕途中静下来，删除对金钱追逐的贪念，随遇而安，才能得到宁静与淡泊；在淘金中静下来，删除对物质无止境攫取的贪念，才能得到安心和快乐；在春风得意、身边美女如云时静下来，删除对美色占有的贪念，才能得到家庭的温馨和美满……

静下来，需要我们智慧的体悟到万物皆空的道理。这种万物皆空并不是消极悲观的虚无，而是没有执着、没有牵挂、坦荡磊落、自由自在的一种心境。当我们把生活中的物欲横流看作是镜中花、水中月，便会觉得世间没有什么可求可恋的，你的心灵和人生也就没有了所谓的障碍、痛苦和烦恼；你的心灵也就能够达到一种完美清净的境界。你也就能够删除不必要的贪念，更能抵得住诱惑，耐得住寂寞，从而焕发精神的圣洁之光，拥有幸福的生活。

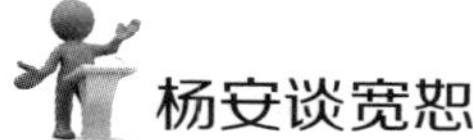
杨安谈宽恕

◆人生，需要有一些时刻，静下来，看清真相。

◆贪欲盛，则邪心胜。

◆静心止贪欲，我们要学会聆听生活。

从你的第一感觉出发寻找到最真实的自己

凡尘俗世的纷繁芜杂使我们渐染失于心性的杂色。每一次的呈现都多了一点修饰，每一次的语言都少了一分真实。习惯于疲惫的伪装，总以为这样就可以赢得更多，过得更好。蓦然回首，那些希冀着的，仍须希冀，那些渴盼着的，仍须渴盼。而我们也因为常常忽视自己的本性，使最真实的自己在利欲的诱惑中渐渐迷失了。所以才终日心外求法，因此患得患失。如果能找到最真实的自己，坚守自己的心灵领地，又何必自悔自恼呢？

要找到最真实的自己，就要从第一直觉出发。在这个强调理性思考的年代，很多人不敢相信自己的第一感觉，甚至羞于承认有时候会“顺着感觉”做决定。假如我们能够了解第一感觉的真正内涵，我们就能够接受第一感觉的存在了。让第一感觉进入我们的生活，与思考的能力并行，就像打开汽车前面的两个大灯，同时照亮我们左右两边的视野。

按照爱因斯坦的说法，“真正有价值的东西就是第一感觉”。在寻找宇宙真理的过程中，比起其他品质来，爱因斯坦更信赖自己的第一感觉。前以色列女总理果尔达·梅厄凭第一感觉感到在赎罪日（犹太教）战争即将爆发，但她的内阁成员却忽视了她的第一感觉，酿成了惨剧。如果内阁成员重视了她的第一感觉，那么数千条生命不就可以得救了吗?

不仅国外如此，在中国的心灵哲学中，也是很重视从第一感觉出发去认知事物的。中国的心灵哲学并不是把人作为对象去认识和寻找，而是把人作为有理性、有情感、有意志的生命主体去对待。这种认识的出发点就是直接的、整体的、自我的第一感觉。正是从这个意义上说，它是一种对自我的存在认知而不是对象认识，同时它又是一种自我价值认识或者说生命意义认识。

人的价值之源来自宇宙本体即“天道”，但“天道”并不是外在的实体，更不是创造世界的神，“天道”与“人道”是完全合一的，更直接地说，“天道”内在于人而存在，内在于心而存在。这便是中国的“天人合一”之学。因此，一个人要实现自己的价值，必须返回到心灵自身，找到最真实的自我，进行“溯本探源”式的全体把握，此即所谓从你的第一感觉出发寻找到最真实的自己。

从自我的最本真状态而言，它是自我呈现，是自然流露；从心灵的“自觉”而言，它又是一种体认。第一感觉是自在与自为的统一，通过心灵的自我觉解，实现最真实自己的自然呈现，其结果便是获得一种精神境界。儒家的“不思而得，不勉而半”，道家的“不为而自然”“莫若以明”，佛教禅宗的“无修之修”，都是从第一感觉出发获得一种心灵境界。

程颢说：“所以谓万物一体者，皆有此理，只为皆从那里来，人能推之，物则气昏推不得，不可道他物不与有也。”人之所以能推，就在于人的心灵具有第一感觉能力，能够自我第一感觉，并由己及物推而知之。孟子的“反身而诚，乐莫大焉”，《中庸》的“不诚无物”，周敦颐的“诚斯立矣”，都是就心灵第一感觉而言，无非一念之诚，即可实现“天人合一”的境界。

道家所说的“真知”，也是第一感觉所得之知，不是什么逻辑概念的推理认识。老子主张“无知无识”，就是取消对象认识，进行第一感觉或直观，绝不是不要一切知。他的“观复”之学，即是“归极复本”之学，即恢复到最初状态，这是未经雕琢、未经分化的本真状态，这种状态看似婴儿，实则超越一切认识，直接把握道体。这也是圣人境界。庄子提倡“无知之知”，反对一切具体的知识，就是为了获得“真知”，他认为，一切对象认识都是“成心”所为，“机心”所为，不是“真心”所为。“真心”是排除一切对象认识的虚灵明觉之心，唯有这种“真心”才能获得“真知”。他用排除法提倡第一感觉，并不说明第一感觉是什么，而是说明第一感觉不是什么。其实，他所说的“心斋”、“坐忘”，就是一种特殊的第一感觉方法。虚灵明觉之心可以“虚室生白”、“唯道集虚”，它是心灵的自我显现：“真心”就是“真知”，“真知”就是“天人合一”之“道”，无上客、尤内外、无天人、无物我，“人即天、天即人”，超越一切对立，进入无人无我的精神境界。这也就是他所说的“见独”，魏晋时期的思想家对此也有很多论述，在此不必一一列举。总之，道家所说的“真知”，就是排除对象认识而诉之于第一感觉，从而实现一种精神境界，这种境界就是“与道同在”，其人格即是“真人”“至人”。

因此，每一个人最真实的自己都是深具巨大潜能的，与大宇宙相统一的，有足够力量能得道而大成的。

这个最真实的自己在众人六神无主的时候，镇定自若而不是人云亦云；被众人猜忌怀疑的时候，自信如常而不去妄加辩论；有梦想，而不会迷失自我；有神思，却不会走火入魔；能够在成功当中不形于色，在灾难之后也能勇于咀嚼苦果；看到自己追求的美好破灭成一堆零碎的瓦砾，仍然不会说放弃；辛苦劳作，已经是功成名就，但是为了新目标依旧冒险一搏，就算是功名化为乌有；与村夫交谈的时候而不变谦恭之态，和显贵散步而不露谄媚之颜；不会为他人的爱情所左右，无论与什么样的人合作都能够卓然独立；昏惑的骚动，动摇不了心中的意志；平心静气地面对云卷云舒，花开花落……

当我们从第一感觉出发寻找到最真实的自己后，就能变得更镇定，不用随时向别人证明自己，不需要时刻猜疑："这个人到底喜不喜欢我？我怎样取得他的认同?"即便别人不喜欢我们，我们也能接受自己，因为我们的内心足够坚强、韧性十足。

当我们从第一感觉出发寻找到最真实的自己后，我们即便面对来自爱人、家人和朋友的要求我们妥协的压力，依然会坚持自己的道路。我们可以同意他人，而不感觉失去自我；也可以不同意他人，而不感觉孤立和无助。

"坚持做最真实的自己，是独立性自尊的本质，也是无条件自尊的精髓。"哲言如是说。

为了让大家更好地从第一感觉出发寻找到最真实的自己，我们可以进行以下的小练习。

练习一：隐形设想。假设你是"隐形"的，没人知道你的相貌、有怎样的品质、兴趣爱好、生活做派等，只有你自己知道自己有多慷慨大方、多富裕、多强势、多伟大无私、多美好。你会选择怎样的工作，会决定用自己的一生去做什么样的事情?

由于我们常常希望从别人身上得到自信、勇气、目标，但是当我们在别人眼中是隐形人的时候，该怎么办，我们到底需要怎样生活？这个练习是帮助我们不顾他人的赞扬或者肯定，从第一感觉出发，确定自己真正想要做什么。

练习二：想象未来 10 年或者 20 年后，你会在干什么？

尝试着去回答这个问题，这可以让我们明白什么对我们是真正重要的事情。

与此类似，我们也可以问自己以下问题：什么事情能让我们不在乎他人的肯定、赞扬、欢呼或者否定、批评？独立性自尊较强的人，通常能够明确、清晰地回答这些问题。

练习三：确定自己的兴奋点。上一次让自己废寝忘食地投入其中的事是什么？

很多人已经有很长一段时间不曾体会“忘我”的境界了。其实，忘我投入的经历正说明了什么对我们来说很有吸引力，这会帮助我们决定未来的走向。

练习四：在一周的时间里不撒谎。我们说真话的时候，其实就是在给自己传递一个信息：“我的话很有价值，很重要。”

当你坚持用持续的时间来练习，从第一感觉出发寻找到最真实的自己后，你会发现最真实的自己其实就是熠熠闪光的宝藏，是我们灵魂的精髓所在。你会发现这个宝藏比水更澄明，比山更坚定，能够予己以幸福，予人以温暖，予社会以和谐，予世界以美好。能够在每一个晨昏，弹奏出最美的交响乐，让我们与喜悦同行，使我们拥有幸福、和谐、美好的人生。

杨安谈宽恕

◆真实是人生的命脉，是一切价值的基础。

◆不认识真实就不认识价值。

◆失去真我的人，只会认为真实比虚构更陌生。

辨明自身优劣，专注于做自己能做的事

世生万物，各有自身优势劣势。鸟不能游泳却因其有翅膀而翱翔天空；鱼不能飞翔却因其善游而遨游江海。它们依靠自己的特长成为万物中的一员，在永恒的生存竞争中占得一席之地。若它们不能辨明自身的优劣，而抛弃了自己的长处，就只能在生存竞争中成为优胜劣汰的牺牲品。

人生也是如此，平面直角坐标系，横、纵坐标便决定了你的位置。一个人如果站错了位置——选择用自己的劣势而不是优势来立业的话，那常常是十分困难的。有可能最后你会成功，但为此你将耗费比别人更多的时间与精力，代价的惨重也许是你不愿正视的；也有另一种可能，也是最有可能的是你将为你的错误选择而沉沦于永久的懊悔与失意之中。

如果我们能够准确地辨明自身优劣，专注于做自己能做的事，用积极向上的心态对待人生规划，那我们一定会把理想的风帆扬向成功的彼岸，我们的人生规划一定会是一部灿烂的画卷。

哈佛大学的D·伯恩斯教授做了一个统计，发现几乎所有成功者都有的一个共同特征是：不论聪明才智高低与否，又不论是从事哪一个行业、担任什么职务，他们都在做自己擅长的事。也就是说他们都已经辨明自身的优劣，专注于做自己能做的事。

事实表明，一个人的成功来自他对自己能做的事的专注和投入，无

怨无悔地付出努力和代价，才能享受甘美的果实。美国哈佛大学教育家嘎纳教授的多种智力理论认为，人的智力有八种，各种智力在每个人身上都存在着发展不平衡的现象。每个人的智力都有所长，如有些人的语言智力水平很高，但他的逻辑、数学智力可能平平。一个人要想获得事业上的成功，就必须在智力方面扬长避短，用自己智力上的强项来争取优势。

我有一位教师朋友，由于教学有方、成绩突出，几年前被提拔为校长。上任之初，朋友祝贺、下属奉承，使得他扬扬得意、踌躇满志，然而烦恼随之而来，因为他不善言谈、不谙管理，尤其对处理复杂的人际关系颇为头疼，结果一年下来不仅自己被搞得焦头烂额，学校也因为管理上的纰漏而屡受批评。至此他才意识到，自己的长处是能够把繁复的算题分析得条理分明、浅显易懂，是能够摸透学生的心理进而激发学生的学习兴趣，而非统筹全盘和平衡各类人事关系。如果把自己比作一把刀的话，那么坐在校长的位子上，就如同使用时不用刀锋而用刀背一样，不仅耗费精力、徒增烦恼，而且不可能得到好的结果。于是权衡再三，他终于决定辞去校长职务，继续做一个快快乐乐、踏踏实实的教书匠。

在人们的诧异和惋惜声中，他又回到了最适合于自己的、最能发挥自己长处的位置，结果连续带的三个毕业班各方面都在学校拔尖，去年他也因此被评为市特级教师。

世界上有天才，但绝没有全才，因此明了自己是一块什么样的材料至关重要。

有的人表现出空间天分，他们的视觉似乎特别发达，喜欢把事物视觉化，即把文字或语音信息转变为图画或三维形象，可能在绘画、摄影、建筑或服装设计、造型艺术等方面表现出兴趣和特长。

有的人表现出音乐天分，他们的听觉特别发达，很小就表现出对音准和声音变化的高度敏感，并能迅速而准确地模仿声调、节奏和旋律。

有的人表现出身体运动天分，他们能很好地协调肌肉运动，体态和举止优美而恰当，他们通常在体育运动、机械、戏剧和其他操作工作中有杰出表现，很容易成为优秀的演员、舞蹈家、运动员、机械师和外科医生。

有的人很有逻辑、数学天分，他们喜欢并擅长计数、运算，思维很有条理，如果他们的好奇心能得以满足，那么他们很可能会在理科学习和研究上取得好成绩。

有的人很有语言天分，他们说话早，对语音、文字的意思很有兴趣，喜欢听故事、讲故事，喜欢绕口令和猜谜等语言游戏，喜欢读书和听别人读书，他们很可能成为成功的作家。

有的人擅长人际交往，他们比较容易理解他人的感受，能够和各类人相处，在各种情况下都能恰当地表达自己，经常充当团体的领袖人物，他们比较容易在政治、教育、管理或社会活动等领域取得成功。

但是把计算机玩得烂熟的人，未必能遨游商海；对绘画悟性极高的人，看建筑图也许像看天书；乔丹是篮球飞人，却是个蹩脚的棒球手……这个行业的专家到那个行业也许就是个笨蛋，此正所谓“寸有所长，尺有所短”。每个人都有自己的优势，也难免有这样那样的劣势。经营好自己的优势会让自己生活得更自信、更精彩；而经营自己的劣势，则会让自己永久生活在失意和痛苦中。因此，这就需要我们充分认识、辨明自己的优势和劣势，专注去做自己有优势的方面的事务。

（1）拿出一张纸，详细列出自己的特性，包括你的专业方向、个人特长、兴趣爱好等。当然，最重要的是你的人生梦想和生活追求是什么。每一个方面你都可以考虑得细致再细致些，比如你参加过的培训有哪些，获得过哪些荣誉？以前都做过哪些工作，在哪些方面拥有最丰富的经验？甚至你要想到，以前你都做过哪些兼职，创造的经济效益如何？你最容易在哪些事情上得到他人最真诚的赞扬？什么才是让你感到最自信、最有活力的地方？别人经常请你帮忙的事情，都在哪些方面，结果又都如何？你现在的状况距离你的目标有多远？三年后，你想取得怎样的成就，五年后呢？

要聆听来自你内心最真实的声音。你是否曾经有过这样的体会：当看到别人做某事时，你的内心也蠢蠢欲动，希望一试身手？你会因为某件事的圆满完成而感到一种成就感和欣慰？你在做某类事情时非常得心应手，无师自通？当完成某事时，突然身不由己地感到如行云流水般畅快，而非以往的按部就班？很多人会发现自己在做一些事情时需要学习，需要不断地修正和演练，而在做另外一些事情时却几乎是自发的、不用想就本能地去完成——这便是你的优势。

（2）通过自我观察与分析，找出自己在能力、品德、性格、思维、情绪、意志、注意力、需要、动机等方面的优点和积极表现以及缺点和消极表现，把它们尽可能详细地列在一张纸的左右两侧。

（3）每天花几分钟时间用心去阅读这份清单。在阅读的过程中，思考如何表现和巩固优点，如何避免和减少缺点，尽可能多地用自己的优势去代替自己的劣势，即在大脑里强化自己的优点，弱化自己的缺点。

（4）每周总结一次，回忆这样练习的效果：是不是真正强化了自己的优势，是不是弱化了自己的劣势，需要改正的地方有哪些等。

爱默生曾说过：“什么是野草？就是一种还没有发现其价值的植物。”我们每个人都有自己天生的优势和劣势。人生的诀窍就是发挥自己的优势，做自己能做的事。发挥自己的优势能给自己的人生增值，经营自己的短处会使自己的人生贬值。正如富兰克林所说："宝贝放错了地方便是废物。"当我们辨明自身优劣，专注于做自己能做的事，我们就可以心安理得地坚定地走在自己选定的人生道路上，从而在工作和生活中创造出无穷的乐趣。

杨安谈宽恕

◆做人要扬长避短，处世要取长补短。

◆尺有所短，寸有所长。坦途在前，何必因一点小障碍而不走路呢？

◆要发扬你的长处，也要克服你的短处。改变自己，你就可以改变很多事情。

第三章

心若止水，宽恕是接受现实再创未来的大智慧

生活中，谁都不会对自己的一切都感到完全满意，渴望自己在某些方面变得更好也是人之常情。但是，我们在怀有这些期望的时候，同样要接受和珍惜现实，踏踏实实地认真对待现实的每一天，我们才能真正感受到生活的美好，并且创造出灿烂的未来！

人生永远超乎我们的想象

就像不知道自己晚上会做什么梦一样，我们无法预知自己的将来，因为大千世界，纷繁复杂，瞬息万变，人生永远超乎我们的想象。但是，正因人生永远超乎我们的想象，所以，我们很清楚地知道，人生之中一切都有可能。

有一首歌是这样唱的："这时代，我的时代，我有最东方的精彩，别奇怪，别在那发呆，动起来，感觉渗入血脉……一切皆有可能，可能是你，可能是我，可能美梦成真，一切皆有可能，我已看清，你的眼神，一切皆有可能，突破自我，快意人生……"人有无限的潜力，只要相信自己并真正地努力去做，那么，就能实现自己的目标。

人生永远超乎我们的想象，一切皆有可能，强者和庸者都这么说。在强者眼里，不懈的努力使得没有什么事情是不可能的。在庸者眼里，无数的偶然致使所有的事都可能发生，所以他们常被消极的担忧、退缩、懈怠左右着，久而久之，就变得越来越不相信自己的能力。事实上，很多事情，并不是不能，而是消极限制了你的能力。

纵观整个人类进步史，你会发现这就是一部从不可能到可能，再从可能到现实的不断创新的历史。

6000 年前，石器是人们赖以生存的强有力的武器，人们将其视为“万能之宝”，人们不会想到石器会被更为坚利的铁器所取代；1000 年前，一种叫“火药”的粉末创造了一个新的时代；500 年前，人们怎会想到再平常不过的水蒸气会促进生产力的飞速发展；100 多年前，人类飞上天的梦想成为了现实；在 50 年前，没有人会料想到计算机在人们的工作生活中扮演如此举足轻重的角色。而如今，先前所有超乎我们想象的“不可能”，都已成为我们的生活中习以为常的“可能”了。

人生永远超乎我们的想象，一切皆有可能，这些简单平凡而又焕发着迷人色彩的事物，曾叩响了多少代人的心灵。从此，人生舞台上撤下了灰暗单调的独幕剧，转而明艳闪亮的色彩被搬上了屏幕。奋斗、拼搏、进取、不找借口地开发着自己的潜能，诠释着一切皆有可能。

张云成生于 1980 年，从小便患上了进行性肌肉营养不良症。3 岁多开始发病；10 岁，只能举起一个枕头；12 岁，只能拄拐走路；14 岁，走不出院子；16 岁，完全不能走了，只能直直地站着；18 岁，不能下地；20 岁，胳膊举不过头顶；如今，拿不动一杯水……生活完全不能自理。

但是，就是这样一个人，于 2003 年完成了《假如我能行走三天》的写作。该书出版后，入选由共青团中央、新闻出版总署等部门组织评选的“全国青少年喜爱的优秀图书”、“向青少年推荐的百种优秀图书”，获第十届广西精神文明建设“五个一工程奖”。

他在书中写过这么一段话："假如我能行走三天，我将自己穿衣、洗脸，并且即使晚上整夜不睡，也要替妈妈给三哥翻身，给妈妈减轻负担，让妈妈睡一个完整的觉；假如我能行走三天，我会去拼命干活挣钱，给妈妈买她最爱吃但舍不得买的香蕉，让妈妈过上幸福的生活；假如我能行走三天，我将补上这些年来对父母家人所欠下的一切。"

张云成的三哥张云鹏，肌肉萎缩的情形比他还严重，只剩下头能勉强移动，如果要"落笔"作画，都要靠二哥帮忙移动他的头，他才能勾勒轮廓、添上想要的油彩。你很难相信，一家五口人最初的经济收入，就是三哥用"头"作画后由张云成在网上出售换来的钱。

现在的张云成，一分钟可以打20个字，正常人一分钟最快也不过打80个字。为何不能动的张云成，可以这么快速回应？答案是人生永远超乎我们的想象，所以他要从一切的可能中打造自己的一方晴天。

因此，我们永远也不要消极地断言有什么事是不可能的。如果你认为有什么事情是不可能的，那么你也许在同类事件上有过失败的经历，而你认为它不可能，实际上是一种消极的逃避。面对它、接受它、处理它、放下它才是应有的态度。在困难面前，我们需要保持认为自己能的积极心态，再去反复尝试，最后你就发现你确实能。

2011年，世游赛公开水域女子10公里比赛在上海举行，为这里带来了不少生气。南非姑娘娜塔莉在一群选手里面显得有些特殊，她的左小腿几乎全部被截去，下面装着冰冷的假肢，走起路来有些怪异。但这并没有影响娜塔莉的备战。比赛开始时，她在教练的帮助下利落地脱掉了假肢，与所有人一样一跃而入，迅速向远处游去。

这个画面震惊了在场的所有人，而娜塔莉却显得如此平静，即使失去了左小腿的助力，她依然在往前游着，更让人吃惊的是，她很快跟上了大部队的节奏，并一直保持着中上的位置。

这不是娜塔莉第一次出现在健全人的体育比赛中。2008 年 8 月 20 日，北京奥运会第一次设置了公开水域的项目，娜塔莉就出现在了赛场上，与所有健全的运动员一起游完了全程，当时，美国媒体对她的评价是：娜塔莉，拿到了一枚排名第十六位的金牌。

金牌一直都是娜塔莉梦想的东西，27 岁的她是南非的希望之星。14 岁就入选国家队的娜塔莉原本应该前途无量，但在 2001 年 2 月的一天，一场突如其来的车祸毁了她的梦想。躺在冰冷的手术台上，她的左小腿被残酷地截去，很多人认为，这位可怜的姑娘可能就此销声匿迹。可是娜塔莉并没有就此放弃，截肢后修养了仅仅 3 个月，她就再度出现在游泳池边，并在 2004 年的雅典残奥会上获得 5 枚金牌，用强而有力的成绩，宣告了自己的回归。

如此坚强的表现震惊了整个南非，无论她以怎样的姿态出现在公众面前，娜塔莉都会受到最为隆重的欢迎。如今，在老家，娜塔莉说自己已经成为一个励志演说家，面对那些沮丧的人们，她说得最多的一句话是："生命的悲剧，并不在于你没有达到想要的目标。生命的悲剧，其实在于你没有目标。人生的耻辱，并不是你没有实现想要完成的梦想。人生的耻辱，其实是你没有梦想。记住，只要你始终相信，一切便皆有可能。"

也许现在的你是一株小苗，但"人生永远超乎我们的想象"的自信会助你长成参天大树；也许现在的你是一朵无名的花儿，但"人生永远超乎我们的想象"的鼓励会助你将来艳压群芳；也许现在的你是默默无闻的普通人，但"人生永远超乎我们的想象"的豪气会助你从此闪亮夺目。

很多时候，不是因为有些事情难以做到，我们才会失去信心，而是因为我们失去了信心，才使事情显得难以做成。因此，要想做成一件事，你要从心里就坚信是完全可以做到的，要把“不可能”的想法，从你的心中铲除掉。谈话中不提它，想法中排除它，态度中去掉它、抛弃它，不再为它提供理由，不再为它寻找借口，把这个字和这个观念永远地抛弃，而且用光辉灿烂的“可能”来替代它，用坚强的意志力去实践“可能”。当你做事情有如此的精神，又何愁人生不能成功呢？

别再总是沉湎于过去的失败，别再远离幸福的色彩，人生永远超乎我们的想象，而人潜在的能力也犹如一座蕴藏无穷、价值无比的金矿，当你无论在任何困境和不可能完成的任务面前都要相信自己，认定“一切皆有可能”，然后去尝试、去努力，最后你就会发现你确实能。

杨安谈宽恕

- ◆始终充满信心，就始终充满力量。
- ◆停止奋斗，生命也就失去了意义。
- ◆无论何事，只要肯坚持积极奋斗，就一定会有意想不到的收获。

勇于面对困难与挫折才能勇敢成长

有句话说，最大的失败是不敢成长，最大的错误是不敢面对。虽然困难与挫折会让人因心理需求暂时不能满足而产生痛苦、沮丧、郁闷等消极心理体验。但是，在现实生活中，不可能事事如意。一遇到困难与挫折，就心灰意懒，委靡不振，或狭隘地接受教训，因噎废食，以至于不再勇于成长。不能勇于成长，就永远不能成功。

美国成人教育家卡耐基经过调查研究认为，一个人事业上的成功，只有15%在于其学识和专业技术，而85%靠的是应对问题的能力。

1976年奥运会十项全能冠军的获得者詹纳，曾从体育比赛角度做了类似的论述，他说：“奥林匹克水平的比赛，对运动员来说，20%是身体方面的竞技，80%是心理上、人格上的挑战。”事实上，每个人都有充分发挥自己才干的技能，具备使自己取得巨大成就的智慧，可惜不少人却忽视了开发自我的巨大潜力，无法理性地看待问题，没有面对困难与挫折的勇气，最终因无法成长而落败。

其实，每个人初学走路时都会跌倒无数次，正是因为有不怕跌倒，敢于尝试和努力的精神，我们才能立身于天地，最终自如地行走。每一个困难，每一个挫折，都是生命赋予生活跌跤的过程，我们只需坦然面对，不必太过惊慌，也无须悲伤难过，跌倒了没什么大不了，鼓足勇气爬起，拍拍灰尘，继续赶路，下一步你才可以走得更加的稳健，一直走向胜利的终点。

有一天，俄罗斯剧作家克雷洛夫在街上行走，迎面走来一个年轻的瓜农，上前拦住了他的去路。正当他纳闷之际，瓜农拿着手中的瓜果开始向克雷洛夫兜售。年轻人腼腆地对他说：“先生，请你帮忙买些瓜果吧！不过，我想告诉你，这些瓜果并不见得个个都很甜，因为这是我第一次种瓜。”

克雷洛夫觉得这个瓜农相当诚实，顿生好感，便买了些瓜果，并对他说：“年轻人，别灰心啊！你以后种的瓜会越来越甜的，我第一次种的瓜也是酸的。”

年轻人一听，以为遇到了“同行”，连忙向他请教：“你以前也种过瓜吗？后来呢？”

克雷洛夫笑着说：“我收获的第一个果实是《用咖啡渣占卜的女人》。不过，当时没有一个剧院愿意演出这个剧本。”

显然，克雷洛夫正是因为对于困难与挫折敢于正视、勇于面对，才能勇于成长、勇于踏过失败，拥抱到了成功。

困难与挫折本是人生之路借以升华高度的基础，起起落落，坎坎坷坷，是避无可避的。能否让困难与挫折成为自己成长、成功的奠基石，关键在于你有没有面对它的勇气。

在困难与挫折面前，有些人会表现得怯懦、沮丧、失落、气馁、退缩。而有的人则会总结经验，用积极的心态来排除一切阻碍前进的障碍，坚定自己战胜挫折的信心和勇气，向着目标努力奋斗。保持这种心态需要充分地发挥自己的意志力，把阻碍我们的困难与挫折当作是一次挑战和考验。

不敢面对困难与挫折的人，就不敢成长，也就不可能有长进，因此，种种失败都是必然的。而勇于面对困难与挫折的人，即使暂时还没有看到成功的曙光，他仍然是胜利的，因为他一直在成长，一直在积累成功的力量，并且懂得如何应对困难与挫折，为自己长久的成功打下了坚实的基础。

因此，不要把困难与挫折当成不可跨越的沟壑，正是因为挫折与失败的出现，让我们锻炼了自己各方面的能力。铁矿石经过几千度的高温提炼之后成为了生活中不可或缺的生产材料，而我们在经历过种种苦难以后的意志、知识、经验等也会变得更加完美。我们要相信，一切的磨难、痛苦都是可以帮助我们成长的。只有经过这些挫折与困难的洗礼，才能让我们拥有更多的力量来走完今后的人生，让自己过得更加舒心。

世界上有许多动物，在它们的后代长大以后，父母就会把这些孩子都赶出家门，让它们自己捕食，自己生存。其目的就是希望它们在以后能够自食其力。有人说过："许多人的一生之所以伟大，是因为他们经历了许多大困难。"是啊，很多人虽然具备了成就大事的潜质，可是他们没经历过困难与挫折的磨炼，未能把自身更大的潜力发挥出来，最终则或是只能在庸碌中遗憾一生，或是随着年龄增长而碰到更多的困难与挫折，再或是年迈时遇到困难与挫折而无从应对。

因此，无论是想要过平淡生活的人，还是立志成就一番事业的人，都需要勇敢地去进取、去面对困难与挫折；才会在勇于成长中，不让这些困难与挫折堵塞通往成功的大路。

那么，怎样面对困难与挫折呢?

一是要自信。不敢直面困难与挫折的人，不是一个自信的人。充满自信的人不畏惧面临的困难与挫折，不介意自己会跌倒，他能对自己充满信心，用勇者的智慧和能力，积极的追求人生的胜利。多给自己一份信心，就能坦然地面对失败；多给自己一份勇气，就能从失败的废墟中站起来，走向胜利。

二是要坚定信念。坚定人生信念最重要的是要树立正确的世界观、人生观。一个人，知道为谁而活着，怎样活着才更有意义，更有价值，就会在内心深处产生一股强大的、持久的精神动力。这种精神支柱使自己能够承受所有挫折，始终不渝地向前努力。只有对自己所热爱的事业信念坚定，才能面对挫折而不畏，产生克服万难的精神力量，最终达到目标。

三是要有克己忍让的情怀。克己忍让，是一种理智的沉思和积淀，是一种美德，一种修养，一种成熟风度。

四是面对挫折要积极进行心理补偿。首先，要善于看到有利因素，进行积极的自我暗示。如果一味地放大错误或失败，只能加重自己的受挫心理，使痛苦难以消除，影响情绪，消磨斗志。要善于在挫折情境中看到自己的长处和优点，以积极的自我暗示来减轻心理压力，调节情绪，安慰自己。其次，要变换情境，转移注意力。通过有意识地改变自己所处的环境，把注意力转移到与挫折无关的事物或活动中去，暂时避开引起不良情绪的事物，淡化挫折感，稳定情绪，休养身心。

伟大的成功者对于困难与挫折都不在意。他们面对困难与挫折时不会失去往日的平静，仍然用行动去努力成长，去追求自己的目标。在狂风暴雨的袭击中，只有那些心灵脆弱的人们才会感到寸步难行，而那些伟大的成功者凭着他们自信和奋斗的精神，仍然在努力地和狂风暴雨拼搏。

上天是公平的，成功也是公平的，没有谁的一生永远是风平浪静的，也没有谁的一生永远是狂风暴雨的。在追求的过程中会遇到各种各样的问题，有困惑，有收获，也有失败，每一种经历都是人生的一种财富。你要想获得真正的成功，就必须具备敢于面对失败的勇气。用勇者的智慧和能力，积极地追求人生的胜利。多给自己一分信心，就能坦然地面对失败；多给自己一分勇气，就能从失败的废墟中站起，走向胜利。

因此，不必害怕困难与挫折，要看清脚下的道路，认准目标，步伐有点凌乱没关系，我们可以边走边修正，边走边学习，只要你能坦然应对困难与挫折，就能勇于成长，就能够一步一个脚印地走向胜利的终点，赢得真正的成功。

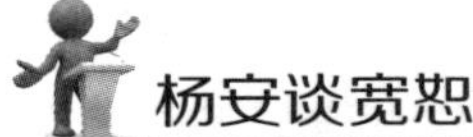

杨安谈宽恕

◆人要经过困难和挫折才能成才。

◆卓越者在困难和挫折中都会百折不挠。

◆每一种挫折或困难的突变，都带着同样或较大的成就的种子。

现实是成长的阶梯，未来有时是进步的迷廊

很多人都这样想：未来的我会很富有、事业成功、极富绅士风度、

笑口常开；未来的我会受到很多人的尊重和爱戴、会有一个知心爱人、会有一份非常体面的工作；未来的我一定不会遇到现在所必须面对的困难，相反会有很多忠诚的朋友、会享受尊贵的生活。这些想法可能是计划，也可能是梦想。我们固然需要有梦想，但是如果一味沉浸在梦想中，就会在不知不觉中放弃很多良好的机遇、放弃行动的最佳时机、放弃许多宝贵的时间。于是，反而使未来有时成为进步的迷廊。

库里希坡斯曾说："过去与未来并不是'存在'的东西，而是'存在过'和'可能存在'的东西。唯一'存在'的是现在。"对于我们来说，昨天已经成为永久的过去，而未来还没有到来，我们能抓住的只有现实。虽然大多数人都懂得这个道理，但是却很少有人能真正地活在现在，更多的人习惯沉迷于幻想，好高骛远，想象着自己在未来取得的成绩，或者未来可能遇到的烦恼和困难，却忽略了当下的现实——这是最有价值和意义的成长阶梯。

著名的医学家威廉·奥斯勒爵士在 1871 年曾说过这样一句话："我们所要做的不是去观望遥远的未来，而是要明明白白地去做手边之事。"在谈到自己成功的秘诀时，奥斯勒爵士讲了这样一个小故事：

一次，我乘一艘巨轮横渡大西洋，巨轮在行驶过程中遇到了罕见的风浪。我看见船长在舵室里按下了一个按钮，轮船发出了一阵机械运转的声音，接着船的几个部分彼此隔绝开来，分成了几个完全封闭放水的隔水舱。我突然意识到，在生活的层面上，如果我们能用铁门把过去隔断，然后再把未来隔断，只活在今天，那么我们也就安全和保险了。切断过去，切断那些把傻子引上死亡之途的昨天；切断未来，切断给我们带来精力浪费、精神苦闷的明天。把握好现实，活在只有今天这个现实的"密封舱"里，我们就会减少许多忧虑，节省许多时间，为未来的成功打下坚实的基础。

现在也许是你过去所一直期待的时刻，我们不能在现在去幻想未来能够得到的东西。诚然，渴求和梦想是一件非常美妙的事情，但是我们不能因此而浪费现实的时光。你应该充分享受现在的光阴并对所拥有的时光心存感激，享受你的活力所带给你的所有梦想。

如果你无休止地追求“一般人”心目中标志成功的事物（最基本的代表是金钱），总是推迟你现有的生活满足并希望只有在未来才真正开始生活，你就永远不会真正地生活在现在。这样，未来有时反而成了进步的迷廊，会使你为了未来而永远牺牲现在，梦想那永不会来临的未来。如果你想得到使你永远幸福的一笔巨大财富，你将不会得到幸福。你的追求本身将变成你的生活目的。如果你的动机是追求金钱，你得到了大量金钱之后，你仍不会满足，你将觉得仍需要更多的金钱。于是，你就会乘上永远追求“功利”的列车，就会容易染上现代流行的各种心理疾病：高度焦虑、紧张、神经质、溃疡、忧郁、担忧、头痛、抽搐、心脏病等，还会有不良的家庭关系，不良的生活方式和生活中缺少爱而产生的情绪创伤和厌世等。永远无法满足的欲望，让你把本应得到的快乐无限期地推延下去。因此，忘掉那些无休无止的渴求，去珍惜和感谢我们现在所拥有的一切吧。

当然，活在现实中，并不是让你抛弃所有的责任和牵挂；活在现实中，并不意味着你立即就可以迎风启航，踏上寻找快乐的路途；活在现实中，并不是说你可以整天躺在草地上惬意地晒太阳。这些都是对“活在现实中”的误解。活在现实中，是让你学会感恩，有计划、有目标地度过每一天，把你所能支配的每一分钟都发挥到极致。要知道，为明日做好准备的最好方法就是集中你所有的智慧、精力和热诚，把今天的工作做得尽善尽美。在享受现在的同时，继续计划和梦想，让现实成为成长的阶梯，如此，自然会更容易得到快乐，也更能铺垫出美好的未来。

要生活在现实中，首先，你应当充分意识到只有现在才是你真正拥有的时间。除非发明了科学幻想中的时间机器，否则，没有人真正能够逃避现在而生活在另一个时间中。其次，你要不断地让你的感觉漫游在现有的时间模式中，从现在起不让自己沉浸在过去的回忆中，也不为未来焦虑，你就会觉得生活很充实，你就不会觉得与自己的生活疏远。

要生活在现实中，还要集中你所有的智慧、精力和热诚，把今天的工作做得尽善尽美。你想成为未来的牛顿，就必须在今天这样普通的日子里置身于那些枯燥的公式或者神秘的实验室；你想成为明天的拿破仑，就必须在今天这样平静的日子里不懈怠于最微小的、细致地准备……无论是一个重要的历史时刻，还是一个人生命中光辉的一瞬，无不是在许许多多平凡普通的日子里经过足够的准备之后突然到来的。热爱未来的人，可能有一个欢乐的现实，也可能有一个痛苦的现实，但却绝不会有一个无聊的现实。因为他知道：把握现实，就是踏上了成长的阶梯，开启了一切奇迹的钥匙。

要生活在现实中，还要学会不为一些还未发生的事情而提心吊胆。是的，我们应该想办法使未来变得更好，但是如果我们在所担心的事情发生之前先倒下来，无疑是一种愚蠢的行为。更何况你所担心的事情十有八九不会发生。曾任《纽约时报》发行人的阿瑟·苏兹伯格对此深有感触。

当第二次世界大战的战火烧遍欧洲的时候，苏兹伯格感到非常吃惊，对未来充满了担忧。他害怕希特勒的军队会占领美国，他害怕未来的生活会颠沛流离，他甚至为此而患上了失眠症，常常半夜爬起来，拿起画笔神经质地画自画像。如果这种情况一直延续下去，苏兹伯格很有可能会疯掉，不过幸运的是，他最终战胜了这个可笑的恐惧症。原来是教堂里的一首赞美诗帮助他消除了忧虑，这首诗是这样写的："带引我，仁慈的灯光，让你常在我脚旁，我并不想看到远方的风景，只要一步就好了。"

就像耶稣曾说的："不要烦恼明天的事，明天自有明天的安排，只要把全部精力集中在今天就行了。"生活中，谁都不会对自己的一切都感到完全满意。渴望自己在某些方面变得更好也是人之常情。但是，现实是成长的阶梯，未来有时反而是进步的迷廊。我们在怀有这些期望的同时，要十分珍惜现实。因此，我们不必沉浸在对未来的幻想中或为不可预知的未来担忧，踏踏实实的认真对待现实的每一天，我们才能真正在成长中感受到生活的美好和生命的意义。只有这样，我们才能全身心地投入生活，才能切实地创造明天，享受今天。把握现实，是使我们生命成长、生活快乐的最好方式。

杨安谈宽恕

◆快乐地活在当下，尽心就是完美。

◆最该做的就是把握当下，为你的人生负责。

◆活在当下，脚踏今天的实地，去实现明日的梦想！

用一种感恩的心面对世间的一切

"感恩"在牛津字典中的解释是：乐于把得到好处的感激呈现出来且回馈他人。感恩，是结草衔环，是滴水之恩涌泉相报；感恩，是爱的循环与延续；感恩，是一种美德，是一种态度，是一种处世哲学，也是生活中的莫大智慧。生而为人，用一种感恩的心面对世间的一切，是对他人、对生活，也是对自己的尊重。

有人说，忘记感恩是人的一大天性，因为在这个世界上每天都有那么多的人在抱怨。上学的时候总是抱怨，学习太累，作业太多；参加工作了，又说世界太残酷，付出和得到的不成正比。显然，这样想是不对的。

其实，我们还能在这个世界上好好活着，没有病痛和困苦，就已经幸福了。之所以会对现实世界感到残酷，是因为我们不知如何来感受这个世界了，已经变得麻木了，而不是说付出了就不会有回报，也许有时付出与回报不成正比，但我们不能就此对这个世界失去了感恩之心。当我们来到这个世界上的时候，什么都没有贡献过，可我们就开始享受了已有的科技、文化了。所以，无论如何，我们都不能没有感恩之心。

在一个“与成功者对话”的论坛上，一位听众请教台上的企业家：“您觉得一个人成功的秘诀在什么地方?”企业家没有讲一番大道理，而是告诉在座的各位：“保持一颗感恩的心。只要你对人、对事、对物保持一颗感恩的心，你一定会成功。”这段话赢得了阵阵掌声。

我们知道很多经典的书籍，如佛经、《圣经》、《古兰经》，它们都告诉你要有一颗感恩的心，可是很少有人一语道破，成功的秘诀就是要有一颗感恩的心。滴水之恩当涌泉相报。成功人士提醒我们：

不知感恩可能不能享受既有的事物。我们并不是时时刻刻感觉到我们得到的福佑。对自己没有感觉，我们怎么会为它而感激?

没有感恩之心，使我们无法得到更多我们想要的东西。你比较喜欢把东西给哪种人？不肯承认你给了他东西的人，还是表达了由衷感谢之心的人？答案很明显，大家都喜欢有感恩之心的人。

显然，没有感恩之心妨碍我们成功——越不知感恩，妨碍越大。

我们每个人都应该明白，生命的整体是相互依存的，每一样东西都依赖其他东西。无论是父母的养育，师长的教诲，配偶的关爱，他人的服务，大自然的慷慨赐予……人自从有了自己的生命起，便沉浸在恩惠的海洋里。一个人真正明白了这个道理，就会感激大自然的福佑，感激父母的养育，感激社会的安定，感激食之香甜，感激衣之温暖，感激花草鱼虫，感激苦难逆境。

用一种感恩的心面对世间的一切，可以让人从失败中看到重生的勇气，从不幸之中得到温暖的慰藉，从所得中看见别人爱的施予。著名科学家爱因斯坦说过："每天我都要无数次地提醒自己，我的内心和外在的生活，都是建立在其他人的劳动的基础上。我必须竭尽全力，像我曾经得到的和正在得到的那样，作出同样的贡献。"

用一种感恩的心面对世间的一切，是爱的根源，也是快乐的必要条件。如果我们对生命中所拥有的一切都能心存感激，便能真切体会到人生的快乐、人间的温暖以及人生的价值。班尼迪克特说："受人恩惠，不是美德，报恩才是。当他积极投入感恩的工作时，美德就产生了。"

用一种感恩的心面对世间的一切，会使人警醒并积极行动，更加热爱生活，创造力更加活跃；感恩之心使人向世界敞开胸怀，投身到仁爱行动之中。没有感恩之心的人，永远不会懂得爱，也永远不会得到别人的爱。

以写《达到经济自由的 9 个步骤》一书而成名并致富的奥曼买得起劳力士手表和名牌服饰，开得起豪华跑车，也能够到私人小岛度假，却坦白承认她没有满足感，甚至有好友在身边她仍然感到寂寞。

奥曼说："我已经比我梦想的还要富裕，可是我还是感到悲伤、空虚和茫然。钱财居然不等于快乐！我真的不知道什么东西才能带来快乐。"

像奥曼那样，为钱奋斗了大半辈子才悟出“有钱不一定快乐”的道理的人不在少数。她如果肯在圣诞假期静下心来读读普拉格的《快乐是严肃的题目》这本书，她会感悟出，感恩之心是快乐的秘诀。

普拉格的书中引述了一个观点，就是人之所以不快乐，是因为人本身出了问题，把有问题的部分修理好就行了。根据他的看法，不知感恩是造成我们不快乐的一大原因。特别是在布施礼物的“快乐假期”里，他提醒做父母的应该好好教导孩子知道感恩与满足。他认为：“如果我们给孩子太多，让他们期望越来越大，就等于把他们快乐的能力给剥夺了。”他认为做父母、做长辈的有责任要求孩子们学会从心里说“谢谢”。

所有快乐的人都心怀感恩，不知感恩的人不会快乐，而你期望越多，感恩就越少。在期望获得满足的一刹那，我们必须想到那绝不是必然的事。感恩之心会增加我们的愉悦，也会使我们将来的人生与快乐相伴。

要知道，并非只要有了生命，我们就可以拥有快乐幸福的生活。为了让我们的眼睛看到五彩缤纷的世界，让我们有一个和谐美妙的生存环境，让我们的鼻子嗅到各种各样的气味，让我们的生活充满风雨阴晴，大自然慷慨地施舍给我们青翠的山，澄碧的水，艳丽的花，嫩绿的草，挺拔的树，明媚的阳光，以及“润物细无声”的雨露。

我们要感恩于自己的父母兄弟。因为我们的生命是父母所给予的，是他们将我们养育长大成人；是父母给了我们世界上最伟大而崇高的亲情，是父母让我们真正懂得了什么是骨肉至亲。是兄弟姐妹给了我们世界上最无私的真爱；是兄弟姐妹让我们懂得了什么是手足情深。

我们要感恩于身边的朋友。所谓的“路遥知马力，日久见人心”“岁寒知松柏，患难见真情”。一个真正的朋友，能够让你永远都有一种坚实的支持，他们不仅愿意和你同尝甘甜，而且能够和你共担苦难，甚至以生命来践行对你的承诺。我们要感恩于陌生的路人，虽然，他们不是你的亲人，不是你的师长，不是你的爱人，但是，你会在不经意间，和他们在某一段生命的路途上相伴而行，可以在遇到坎坷不平时互相搀扶着艰难前进，他不会陪你走完人生的全部路程，但是，他陪你走过的这一段路程，不论是平淡无奇，还是扣人心弦，都会在你生命中留下或深或浅的印痕。

我们还应该感恩于老师，因为他们为我们打开了知识的宝库；给我们照亮了人生的道路；给了我们在人生大海上奋力拼搏的船桨。

我们还要感恩于尊长，是尊长让我们知道了什么是人伦道德，什么是新陈代谢，什么是“长江后浪推前浪”，什么是“老吾老，以及人之老”，什么是“幼吾幼，以及人之幼”。

我们更应该感恩于自己的爱人，是爱人和我们牵手同行，伴我们共走人生风雨路，共同承担起赡养老人的义务，肩负起养育子女的责任，是爱人和我们相濡以沫，无怨无悔。

对于那些我们深恶痛绝的挫折遭遇，我们也应该要感恩。是他们磨砺了我们的意志，使我们一天比一天强大，使我们终于在生存的竞争中，在生命的搏击中，获得了更多的力量，得到了更多、更好的机会。

生活中需要感恩的事实在是很多。只有懂得感恩，才能体味到人生的幸福。用一种感恩的心面对世间的一切，不同于一般的知恩图报，而是跳出狭隘的视野，追求健全的人格，坚定崇高的信仰，树立远大的理想。不但关心自我，更关心他人、社会、国家、民族和人类的进步事业。

在感恩中，我们不断提升自身的修养和境界，不断服务社会、回报人民、担当责任，做一个让他人尊敬、令亲人自豪、受社会称道的人。

用一种感恩的心面对世间的一切，是平凡生活中的小细节，是人生奋斗的远大目标。用一种感恩的心面对世间的一切，是生命之舟的原动力，是补充能源的加油站；用一种感恩的心面对世间的一切，可以把你引向辉煌前方，走向锦绣前程。无论何时，我们都不能失去一颗感恩的心灵！

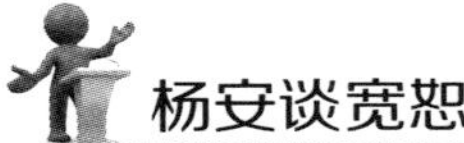

杨安谈宽恕

◆要通过感恩的桥梁，才能走向光明的未来。

◆懂得感恩，才会懂得幸福与快乐。

◆换一个角度去看待种种失意与不幸，怀着感恩的心生活，灿烂的阳光将围绕在你身边。

生活中的不如意并非抱怨就能解决的

无论在工作中，还是在生活中，我们都会看到这样一类人：总是心不平、气不顺、看不惯，怨这怨那，横挑鼻子竖挑眼。抱怨社会不公平，抱怨付出多、薪水低，抱怨上级不公平，抱怨单位制度不合理，抱怨工作艰辛，抱怨身边的人，抱怨人生不如意……凡此种种，这样的人永远是怨气十足，心情愤懑，永远以貌似“正确”的眼光挑剔着身边的人与事，犹如掉入了抱怨的陷阱一样不能自拔，全无一点快乐与宁静。

其实，抱怨是人们最容易产生的情绪之一，任何人在职场上遇到不公平的待遇的时候，总会产生一些情绪变化，或者会发牢骚，或者会发脾气。但是，不管你如何气愤，事情都不会因你的愤怒而改变。大多数时候，牢骚和脾气只是一种发泄自己怨气的手段，久而久之，这些牢骚就会变成抱怨，抱怨如果得不到正确的处理，就会让自己感觉很委屈，进而影响到自己的工作和生活。因为，抱怨并不能解决生活中的不如意，一味抱怨还会把问题带向更加复杂的一面，给我们带来诸多严重地影响，让我们陷入苦恼的境地。

首先，抱怨会破坏我们原本积极的潜意识。曾经抱怨过的人都知道，只要我们的头脑中一有抱怨的意识，我们立即就会停下或者放慢手中的工作，为自己鸣不平、拉选票，甚至不顾一切地找到对方讨个公道。如果得不到我们想要的结果，不是大骂世事不公，就是哀叹老天无眼，久而久之，不仅直接影响工作和生活，还会影响心情和心态。

其次，抱怨会破坏人际关系。没有人会喜欢一个消极、负面的人，更没有人愿意忍受你的牢骚和坏脾气。不满的情绪，必然会破坏内心的平静，进而影响工作和整个团队，接下来势必会带来更多的抱怨和相互抱怨，甚至成为致祸的根源。如果抱怨成了一个人的习惯，就像搬起石头砸自己的脚，于人无益，于己不利，生活就如牢笼一般，处处不顺，处处不满。反之，停止无用的抱怨，用积极的心态去面对生活，那么生活也会回报给你更多的快乐。

经常抱怨，以貌似“正确”的眼光挑剔事物，采取否定消极的态度，只会害了自己；经常抱怨，就像思维吞噬了一种慢性毒药一样，让我们的大脑中毒，我们的人生态度、行动都会被“抱怨”这种强烈的毒性感染；经常抱怨，就如心中长了一颗毒瘤，偷走激情，错失机会，蹉跎岁月，忽略身边的幸福；经常抱怨，我们的意志不断受到消磨，就像可以“溃堤”的蚂蚁一样，精神之堤瞬间被抱怨的洪水化为乌有；经常抱怨，就会让自己的双眼迷失，找不到灵魂的出路，囿于抱怨的牢房。

经常抱怨的人还会失去前进的动力，会失去追求的方向，变得懈怠，变得怨天怨地，变得刻薄无理，变得自以为是，变得对一切都无所谓，变得充满沮丧，变得遇到些许挫折就会放弃。也有人将抱怨形容为“口臭”，当它从别人的嘴里吐露时，我们就会注意到；但从自己的口中发出时，我们却充耳不闻。因为抱怨的人总认为自己是正确的，一切都是别人的错。这样抱怨者就不可能及时改进工作方法，甚至固守着自己的那一套不放，工作能力自然得不到提高。

在团队里，由于抱怨只传递负面消息而导致动摇团队“军心”，绝对是自毁前程的不明智之举。抱怨还是一种极易传染的“病毒”。当一个人喋喋不休地抱怨时，就会引起周围人的注意，一旦出现有同感的话题，就会瓦解别人的控制力，让别人也情不自禁地加入到抱怨中去。这样，抱怨就像流行性感冒一样在团队里肆虐，正常的工作氛围就会被搅得乌烟瘴气，大大影响组织的协调性和凝聚力。

我们可以仔细观察身边那些已被“抱怨”侵袭的人，他们生活的不如意有没有因抱怨而解决呢？他们有没有因抱怨变得快乐呢？他们有没有因抱怨而变得积极呢？他们有没有因抱怨而获得幸福呢？他们有没有因抱怨而走向成功呢？

其实，生活中的一切，大多时候是很美好的，只是我们看事物的时候站在了它的阴暗面而已，换个角度，换种思维，得到的将是不一样的感受。我们每个人的工作、生活的环境，总会有这样或那样的许许多多的不如意，但这些都不能成为我们懒惰、不思进取的理由，也更不能因此变得放任、消极、随波逐流。无论遇到什么样的困难或是不公，都不必怨天尤人，要用行动改变自己，静下心来，努力经营好自己的人生，永远不要抱怨，远离抱怨的人是智者。

明威非常不满意自己的工作，经常抱怨不休。一天，他愤愤地对朋友说：“我在公司里一点也不受重视，工资是最低的，老板还经常责骂我，我决定辞职不干了！”

朋友笑眯眯地说：“你对公司的贸易情况熟悉吗？你对报关的手续和技巧完全弄清楚了吗？”

明威不屑地说：“我懒得钻研那些东西。”

朋友说：“我建议你把这些都搞明白了再辞职，这对你有很大的帮助。”

明威听从了朋友的建议，为了尽快把这些东西搞明白后辞职，他停止了抱怨，开始积极地学习和工作。半年后，他又和那位朋友聚在一起。朋友笑眯眯地问：“你从那家公司辞职了吗？”

明威摇摇头说：“现在老板对我刮目相看了，给我加了薪，还委以重任，我决定留下来好好干。”

朋友得意地说：“这种情况我早就料到了。”

要消除抱怨，关键是要转变态度。当你认识到抱怨根本无济于事时，你才会主动改变这种陋习。一旦不再抱怨，你的工作自然会大有起色。

因此，无论遭遇什么样的环境、面对什么样的问题，都必须学会从自己身上寻找原因，抱怨没有任何意义，并不能解决生活中的不如意。细心观察你就会发现，那些抱怨少、会自我反省的人总是比其他人能更有效地解决问题，而且对于这些人来说，问题不仅不是阻碍和累赘，而且还是通往成功的基石。

所以，当问题出现时，与其抱怨，还不如反省自己。许多问题的产生和恶化实际上正是由于人们不经常反省造成的，在挫折与失败面前，在不尽如人意的时候，如果我们都能对自己的行为进行深刻反省和剖析，而不是抱怨，那就可以避免许多问题的发生，即使当问题发生时，也可以集中精力将问题及时解决。

我们通过抱怨什么也改变不了，黑暗和恐惧仍然存在，而且还会因为逃避和夸大问题而增加问题的解决难度。因此，别让解决问题的最佳时机在我们的抱怨声中被一次次错过，而变得不可救药。“与其诅咒黑暗，不如点起一支蜡烛”，这句话是克里斯托弗斯的座右铭，它也应当成为指导我们工作和生活的一条准则。

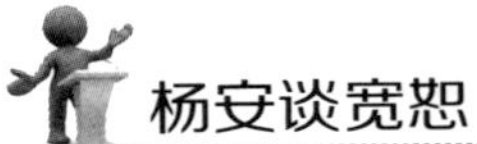

杨安谈宽恕

◆永不抱怨的人生态度引导人走向幸福。

◆抱怨太盛伤自己。

◆把坏事当好事办，人生就只有快乐、没有抱怨。

不强求、不苛求，做好你自己就是最大的成功

俗话说：“君子坦荡荡，小人长戚戚。”不强求、不苛求，让我们的人生更加坦然，更加洒脱，也会让我们的人生路更加好走。生活之中，有些人总是能够坦然面对生活的种种馈赠，面对成功不骄不躁，面对失败不灰心、不丧气，有着勇往直前的勇气和那分坦然面对苦难的洒脱。拥有一颗不强求、不苛求的心，并做好自己，会让我们面对生活无怨无悔，更加轻松惬意的实现自我价值，而这就是最大的成功。

不强求、不苛求是阔步人生、坦然面对生活的人生态度。在我们生命的行走过程中，总有或多或少的羁绊和阻碍影响着前进的步伐，有时候甚至是自身无法突破的缺陷让我们无法到达成功的彼岸，因此，面对生活，我们只能感叹、埋怨，让原本的希望磨灭，让自信消退，自卑和自负主宰生命的每一天。而每当这个时候，我们就应该学会不强求、不

苛求，用一颗不强求、不苛求的心面对生活，驱逐人生中的种种困难，以一种常人所不能匹敌的勇气和坚韧不拔的心去克服一切困难，将苦难变成坦然，将坎坷变为平坦，将痛苦化作微笑。用坚强做支柱，用一颗不强求、不苛求的心，做好自己，一路潇洒地走下去，那样我们的路将会更好走，也会走得更好、更成功。

要知道，快乐和幸福的人生，大多都是因为拥有一种良好的心态和积极入世的精神，不畏艰险，不因为苦难而低头，不强求、不苛求成败得失，懂得珍惜生命，明了生命的意义。同时，做好自己，不做那些让自己良心受谴责的事情，也不会因为一些蝇头小利而失去做人的原则。这样的人生，才是最有价值和意义的，才是最成功的。

世人的心里都有一杆秤，用这杆秤来要求别人要做到自己心中的圆满。人们对于朋友、部下或者长官的要求就是希望他没有缺点，而且能够做到样样都好。但世人在这样要求别人的时候却忽视了对方也是一个人，大家都知道，只要是人就会有缺点。所谓“金无足赤，人无完人”，世人都会有缺点，只是有大有小的问题。

从心理学的角度来说，用自己的希望去强求、苛求别人做到尽善尽美是一种自私的行为。因为对他人过分苛刻的要求或强求都是以自己的思想作为根本出发点的，都是为了满足自己内心的期望。做人不应该对别人有过高的要求，应该严于律己，正所谓“己所不欲，勿施于人”，对别人不能太苛刻。

某位著名的IT经理，别人问及他的成功经验时他说：“我的成功没有任何窍门，我觉得人生其实很简单，人生归根结底无非就是8个字，‘严于律己，宽以待人’。如果世人都能做到这一点，那么人生就会少了很多的烦恼，许多事情就能豁然开朗迎刃而解了！”这位经理所说的处世之道，也是《菜根谭》所推崇的处世之道——“待人要宽，律己要严”。

不强求、不苛求，做好自己是一种规范的待人之道，也是一种为人处世的重要原则。它的核心强调对待事物要有一个标准，有一个尽可能客观公正的把握。具备这种修养和品格的人，成功就是指日可待的事情。

强求、苛求的人内心深处往往隐藏着偏执与自我压抑，长期如此将会影响人的身心健康。而且他们通常会感到更大的压力、更多的焦虑、身心更易疲惫，长期在这种情绪的控制之下很容易走上极端。因此，现实生活中，凡事都不宜过于强求和苛求，否则只会让自己生活在孤寂和焦灼之中。

那么，我们应该怎样才能做到对人、对事不强求、不苛求，只追求做好自己呢？

1. 不顺心时多笑笑

每个人的一生中，都有着许多烦恼与不如意。但是，只要你笑一笑，烦恼和不顺心就会过去。记住，笑是迷雾中的灯塔，它能指引你从荆棘步向坦途，使你得到新的生命、新的希望。

2. 强大自己的内心

或许有的同事不喜欢你，于是就在背后中伤你，可是你却不能强迫他跟你说对不起不再说你坏话。不能阻止他说话，这个时候只有让自己的内心足够强大，才能抵御各种伤害的攻击。

3. 该争取的不要放弃，不该争取的就放下

人生中，不是所有事都应该争取。在爱情里很多人懂得一个道理——勉强没有幸福。其实在职场中也是一样，强求、苛求别人按自己的思路和方法做事，只会招来大家的怨言和愤怒。找到自己的不足，蓄

积力量重新努力才是最正确的选择。用平常心对人对事，做到凡事不强求，往往能为我们减少很多烦恼。

不强求、不苛求，常常被一些人理解为不需要有所作为、听天由命，由此也成为逃避问题和困难的理由。殊不知，不强求、不苛求不是放弃追求，而是让人以豁达的心态去面对生活，抱着一种顺其自然的心态去追求，去努力地做好自己。

生活给了我们一双眼睛，是让我们去发现美、创造美、享受美，而不是让我们时刻盯着我们无法企及的目标，遥不可及的梦想来折磨自己，陷入强求和苛求的痛苦之中而无法自拔。

有些事我们无法选择和改变，因此，我们要做的就是，学会积极地面对，坦然地承受，不强求一些难以实现的东西，不苛求一切，不断完善自己。假如明天就是生命的终点，我们就应该珍惜今天拥有的生命，实现自己的价值，让关心我们的人得到心灵的安慰，那么，我们的生活会更加幸福快乐，我们也会拥抱最大的成功。

杨安谈宽恕

◆做事强求与苛求，常常会把事情办错。

◆让自己更平和点，更豁达点，更宽容点。人人都有他的难处，何必强求和苛求？

◆过于强求和苛求，往往容易带来灾祸。

人生的最大智慧在于协调

一位伟大的音乐家说过，没有什么东西比演奏一件失调的乐器，或是与那些五音不全的人一起演唱，更能迅速地破坏听觉的敏感性，更能迅速地降低一个人的乐感和音乐水准的了。在演奏人生这支大交响乐时，你使用的是哪种乐器？无论是提琴、钢琴，还是在文学、法律、医学等领域中表现出来的思想、才能，这些都无关紧要。但是，在没有使这些“乐器”定调的情况下，你不能在你的听众——世人面前开始演奏你的人生交响乐。

在人生中，心灵的自由与和谐相当重要，一旦失调对一个人的生活质量来说打击是致命的。那些极具毁灭性的情感，比如担忧、焦虑、仇恨、嫉妒、愤怒、贪婪、自私等，都是心灵和谐失调的产物，也是生活的致命敌人。当一个人受到这些情感的困扰时，就不可能将自己的生活打理好。

协调是中国哲人智慧的结晶，也是人生最大的智慧。在漫长的历史岁月中，我们对协调有着多种多样的解释，它是道德的至高境界，修身养性的基本心法，也是我们的行动应该遵循的重要原则。

协调是至高无上的德行。孔子言：“君子中庸，小人反中庸。君子之中庸也，君子而时中，小人之反中庸也，小人而无忌惮也。”这里的中庸实际上就是指协调，君子遵守协调之道，做事符合协调的道理，无时无刻不以协调作为自己行动的准则，随时按照协调之道行事；小人则违反协调之道，违背协调的道理，肆无忌惮、任性妄为、没有任何节制地行事。这正是君子与小人行事风格的不同，在日常生活中，我们行君子之风，就要做到“极高明而道协调”，在极其高明的情况下，依然依循协调之道。

协调是指导行动的大道。在协调指导下的行动就是和谐的行动，我们的行动如果能够达到协调的高度，就能够实现人与自然、人与人之间的和谐。协调作为人生的最大智慧，对我们行动的成效有着直接的影响。如果不能持协调之道，就必然会带来两种情况，要么是狂，要么是狷。要么狂躁激进过于前卫，要么达不到要求过于保守。这两种情况都是不能协调平衡的必然结果。如果我们想让自己的行动，收获成功的果实，势必要行协调之道。

在日常生活中，我们经常犯那种急功近利，恨不能一口吃成个大胖子的“狂”的错误；也经常犯那种不思进取，当一天和尚撞一天钟的“狷”的错误；在人生的航向上，如果我们不能以协调的方法指导自己的行动，我们的内心可能会经常动荡不安，我们在处理人际关系时可能会感到有心无力，我们在做一番事业时可能会觉得困难重重。我们必须自觉体味协调的智慧，采用协调的方法，更好地推进我们的行动和谐，这不仅因为协调之道是古人留给我们的宝贵智慧遗产，还因为协调的方法确实能够解决我们行动中的现实问题。

什么是我们所说的真正的协调方法呢？协调方法要求我们追求的是行动的合乎常理、不偏不倚、恰到好处、恰如其分，要求我们追寻的是一种顺应自然、社会规律的行为方式，一种既不保守消极，又不激进冒失的，适当的、适度的行为方式。这是协调方法的本意，是我们应该恪守的方法论。

协调方法的根本原则是无过、无不及。做过头和做不到位是一样的。做不到位当然是行动的失败，但做过头就成功了吗？我们常讲物极必反，这就是说，如果你求好上加好、精益求精，不一定会取得好的结果，如果超过了一定的限度，势必会取得相反的效果。

在行动中如何达到无过、无不及呢？协调方法提出的思路是执两用中。执两用中有两层意思，其一是执两，其二是用中。两者密不可分，执两是用中的前提，用中是执两的目的。执两就是看到事物的两个方面，看到任何事物都有既对立又统一的两个方面，只认识或把握其中的一个方面，都将有失偏颇，所以必须执其两端。执两是为了“用中”，用中看到的是事物的两个方面并不只是绝对对立的，它们有统一的方面，它反对的是只看到对立、对抗，而看不到统一、同一的片面观点，它坚信在事物发展的矛盾中总会找到一个恰当的环节或度，这个环节或度是解决矛盾，推动事物向前发展的最佳环节或度。协调方法就是要从两端中做出优化选择，找到中的位置，更为有效、更为恰当、更为合理地解决问题。

如今，我们构建社会主义和谐社会，就是要正确处理人与自然、人与社会、人与人、人与自我之间的关系，尤其是在人与人之间找到一个好的平衡点，解决人与人之间的矛盾。和谐社会不是不讲矛盾，而是不过度地宣讲斗争，而是要在矛盾双方之间找到一个恰当的环节或度，这里面蕴涵着协调的智慧。这要求每一个人看待社会，要以中和的、平和的心态，找到自己内心矛盾的平衡点，实现内心的幸福。

理解协调，目标是践行协调，以协调方法来指导我们的行动，那么，我们如何在日常生活中，按照协调方法行事呢?

1. 不走极端

极端是只执一端的表现，注定看不到事物发展的两个方面。在偏激、极端占据一个人的内心时，这个人的行动就会变得越来越不可理解。经常有人说，我是个牛脾气，一旦认准了，就会干下去。一定程度上，这是持之以恒、坚韧不拔的表现，但从另一方面说，这就是认死理、偏激。很多事情，能干下去，就干；干不下去，就不干，这是常理。我们超越我们的能力之外，盲目追求，一味奋斗，这就是走极端。我们把一切看得消极，安于现状，什么也不去做，这也是走极端。

2. 要适度行事

做任何事情，都要坚持适度原则，做不到位不行，做过头也不行。

做任何事情都不能太过，造化阴阳皆是如此，这可谓是告诉了我们行动方法的真谛。

3. 应当循序渐进

行动的方式有过与不及之分，行动的速度也有过与不及之分。行动迟缓不行，过于迅速也常常不能获得想要的结果。“欲速则不达”，做一件事情，当你一心想做完，就会不自觉地加快步伐和节奏，可能会发现它反倒不能完成。明白欲速则不达的道理，要求我们做任何事情，都要一步一个脚印，循序渐进。行协调之道，就像去遥远的地方，一定要从近处开始；就像攀登高高的大山，一定要从低处开始。老子也说，不积跬步，无以至千里；不积小流，无以成江海。做任何事情，一味求快不一定符合事物的发展，我们应该遵循事物发展的客观规律，唯有如此，才能真正成就大事。

4. 要知过补失

要做到适度行事，必须能够知道自己做事过的方面和自己做事不及的方面，善于克制自己的过，弥补自己的不及。知过补失，要求修身而行。协调之道，修身是基础。孔子说，君子做人就像射箭的道理一样，如果不能射中靶子的正中心，就应该回过头来从自身找原因。如果是至诚大德之人，处世方式都是合理的，言语行动都是得当的。要想真正地、完全地践行协调方法，我们就要以至诚的态度，不断提升自己的道德修养，依靠自己的修养来追求行动的成功，以及人生境界的提升。

对于生活，不同的人有着不同的要求和理解。同样的境遇，有些人觉得是幸福；而有些人却觉得是灾难。有的人从中崛起，收获丰沛的果实；有的人却颓废、退缩，品尝失败的苦果。这正是因为后者具有人生的最大智慧——协调。具备这种智慧的人，无论遇到怎样的困境，无论面临怎样的挫折，都不可能使他的心理失去平衡，因为他找到了自己生命的支点——心灵自由与和谐的支点，因此他不再摇摆于希望和绝望之间。

换一种心态面对生活，改变一下自己，学会协调的大智慧，你就能够感受生命的伟大与自由。

第四章

随心随喜，宽恕是理解他人而快乐自己的密码

每个人的受教育程度、自身个性、生活需求、生活环境等都是不一样的，这就决定了人在思维方式和行为方式上存在差异。我们应该充分理解别人，才能避免出现判断失误，进而促进更和谐的人际关系，放飞更快乐的心情，品味更绚丽的人生风景。

记住，没有人和你想得一样

在人际交往中，认识和评价别人的时候，我们常常免不了要受自身特点的影响，我们总会不由自主地以自己的想法去推测别人的想法，觉得既然我们这么想，别人肯定也这么想。例如，贪婪的人，总是认为别人也都视钱如命；自己经常说谎，就认为别人也总是在骗自己；自己自我感觉良好，就认为别人也都认为自己很出色……

这就是心理学上的“投射效应”。所谓投射效应，就是指以己度人，认为自己具有某种特性，别人也应该具有与自己相同的特性，这是将自己的感情、意志、特性投射到他人身上的一种认知障碍。例如，在人际交往过程中，认知者形成对他人的印象时，总是假设别人和自己具有相同的倾向，因此就出现了“以己之心度他人之心”或者“以小人之心度君子之腹”的情况。

投射效应往往会让我们对他人的感情、意向作出错误的估计或判断。因为世界上没有两片相同的树叶，人与人之间更是千差万别。没有人和你一样，所以也没有人和你想得一样。

不过，大量的心理学研究发现，在日常生活中，投射效应普遍存在，人们往往总是不自觉地将自己的心理特征（如个性、好恶和情绪等）归属到他人身上。

心理学家希芬鲍尔在1974年曾经做过这样一个实验：他请一些大学生来接受测试，将他们分为两组，给其中一组大学生放映喜剧电影，让他们心情愉快；而给另外一组人放映恐怖电影，让他们产生害怕的情绪。然后，他又给这两组大学生看相同的一组照片，让他们判断照片上人的面部表情。结果，他们大部分人将照片上人物的面部表情视为自己的情绪体验，也就是说，看了喜剧电影心情愉快的那组大学生判断照片上的人也是开心的表情，而看了恐怖电影心情紧张的那组大学生则判断照片上的人是紧张害怕的表情。

这个实验说明，被试的大部分学生将照片上人物的面部表情视为自己的情绪体验，也就是将自己的情绪投射到了他人身上。

1. 投射效应的表现形式

（1）情感投射

认为别人的好恶与自己相同，总是把自己的想法强加到别人身上，不管什么事情都喜欢按照自己的思维方式理解。比如，一个人喜欢某种事物，和别人交流的时候就很喜欢谈到这个事物，不管别人是否喜欢，如果别人没有和自己一样的观点，他就会觉得别人是不给自己面子，或者不理解自己。而一个人如果感觉周围的人都和自己没有共同的思想，就会越来越孤单，从而产生焦虑情绪。

（2）认知投射

一个人喜欢一件事或者另一个人，就会发现自己喜欢的越变越好；而对于那些自己不喜欢的人或事，就会越看越烦。这样的人往往不能客观、全面地看待问题，从而导致自己总是主观臆断，陷入偏见的泥潭，很容易产生焦虑情绪。

（3）相同投射

在与陌生人交流中，互相不了解，导致相同投射效应特别容易发生，通常在不知不觉中就已经从自我出发做出了判断。

（4）愿望投射

就是把自己的主观愿望强加于对方的投射现象。认知主体总以为对象正如自己所希望的那样。

2. 投射效应发生的两种情况

（1）对方的年龄、职业、社会地位、身份、性别等与自己相同的时候

人们总是相信“物以类聚，人以群分”，认为同一个群体的人总是具有某些共同的特征，因此，在认识和评价与自己同属一个群体的人的时候，人们往往不是实事求是地来判断，而是想当然地把自己的特性投射到别人身上。另外，人们总是喜欢评价与自己有某些相同特征的人，

总是习惯于与这些人进行比较，但是，人们又不希望在比较中使自己处于不利之地，而投射作用在此时正好起了一个保护作用：把自己的特点投射到别人身上，自己和别人就一样了，没有太大区别。

（2）人们发现自己有某些不良特点或行为习惯时

当人们发现自己有某些不良特点或行为习惯的时候，为了寻求心理平衡，就会把自己所不能接受的性格特征投射到别人身上，认为别人也具有这些恶习或观念。“五十步笑百步”就是这样的一个例子：自己因为临阵脱逃而觉得难堪，心里很不舒服，但当突然发现别人比自己逃得更远时，便大肆嘲笑别人，以减轻自己内心的不安。这时候，投射效应是一种自我保护措施，这样做可以保证个人心灵的安宁，但往往影响自己对人和事的正确判断。这种时候，人们更喜欢把自己所具有的那些不好的特征投射到自己尊敬的人或者比自己强得多的人身上，这样一来，自己内心的不安就会大减，因为名人尚且不可避免地具有这些特征，更何况自己一个无名小卒？

不可否认，人总是有一些共同的需要，同处一个社会，具有相同身份、地位、生活经历的人有更多的共性，但是，人的心理特征毕竟是不同的，不考虑个体差异，胡乱投射，就会缩小人的视野，限制人对客观事实的正确认知，陷入种种误区。俗话说：“吾之熊掌，尔之砒霜。”你喜欢的，别人不一定喜欢，说不定还是别人最讨厌的。

另外，生活中的主观投射心理，往往对我们的人际关系和自己的心理健康有害。因此，我们在认知他人的时候，不能依据自己的偏好去“投射”他人。

3. 避免投射效应的方法

（1）充分理解他人

每个人的受教育程度、自身个性、生活需求、生活环境等都是不一样的，这就决定了人在思维方式和行为方式上存在差异。我们不应该总是站在自己的角度去看别人，而是应该充分理解别人，避免出现判断失误。单方面把自己的喜好投射给别人会使人远离自己，甚至排斥自己，这样就会慢慢变得孤独、焦虑。

（2）多考虑和分析

投射只是一个了解别人的方法，但是只是一种猜想，我们应该通过自己的思考去印证。只有通过思考，我们才不至于被外在的行为表现所蒙蔽或误导。因此，当我们对别人做出结论之前，不妨换个角度想想，分析一下自己的结论是否受到了自己思维定式的干扰。

（3）多与人交流

当我们觉得自己的想法和别人的想法格格不入时，我们不要认为自己错了，也不要坚持自己绝对正确，不妨与对方交流一番，了解一下别人的思维方式，听听别人为什么会那样想。这样会更好地了解他人，能缓解人际交往中的矛盾。

（4）换位思考

为了避免投射效应，我们需要学会换位思考，也就是设身处地地站在对方的立场上去看别人。与人交往时，如果我们能站在对方的立场上，为对方着想，理解对方的需要和情感，就能与他人进行很好的交流和沟通，也更容易达成谅解和共识。

投射效应在每个人心里都或多或少地存在，它阻碍了我们有效地接受别人的观点和意见，成为我们为人处世的最大障碍，经常使得我们焦虑不安。所以，我们一定不要把自己的观点模拟成别人的思维，凡事多站在对方的角度考虑，才能更好地理解对方的想法，从而促进更和谐的人际关系，放飞更美妙的心情，品味更灿烂的人生风景。

杨安谈宽恕

◆和为贵，谐为美，协调产生幸福。

◆让协调之美有着巨大的凝聚力。

◆协调不仅赏心悦目，而且富有强烈的感召力。

想让别人按照你的意思来做，你只能超级不爽

《论语》里说，“己所不欲，勿施于人”，这个道理大家都明白，但是，有时候己所欲，也要勿施于人，因为每个人的思维方式不同，所以每个人的喜好也不相同，你喜欢的，别人不一定喜欢；你讨厌的，别人不一定讨厌。但在生活中，却有很多人都会犯这种错误。

宴客时，你是否常常会拼命把自己喜欢吃的食物夹给客人，却没注意到客人的口味。你是否会用你喜欢的沟通方式与人交流，并会因为别人的不合作而闷闷不乐。教育孩子时，你是否总是喜欢用你自己的喜好去引导他。这些，都是落入了“己所欲，施于人”的圈套。

让别人按照你的意思来做，如果是别人能力之外的，那根本是自寻“死路”，注定要失望；如果是别人能力之内的，而别人又未达成，最后失望的还是自己。

有些妻子总是忍不住对老公耳提面命：你看人家谁谁，已经做经理很多年了，你怎么还是在原来的位置上？有些老公也会满口羡慕地说：隔壁家的太太生完孩子还那么美，你怎么就天天驾着“游泳圈”、挥着

“蝴蝶袖”、舞着“大象腿”？除非有超强的修复能力和装聋作哑的神功，否则除了吵架没有第二条路了。

有些上司一心希望下属全能，最好活全做，功全归自己；有些下属也总是忍不住嫌自己的上司不会讨好大领导、庇护下属，跟着他只会吃苦受累、做苦力，加薪升职遥遥无期。当然，职场比较温婉，大家只把怨气写在脸上，不说在口中，不像家里那样直接、不客气。但是带着这样一丝怨气每天上班八小时，就算身体不被工作累坏，也迟早被坏心情影响坏。

还有一些父母，超级羡慕别人的孩子，指着孩子质问：为什么人家的孩子就可以考双百分？为什么人家的孩子从来不在名牌衣服、鞋子上寸步不让？为什么人家的孩子从来不惹是生非？胆大的孩子会反击，大多数孩子只能幽怨地腹语：“那也要先看看人家孩子的爸妈做到的，你们做到了没有。”

为什么夫妻会彼此失望，上级、下属会彼此失望，父母、子女会彼此失望？原因只有一个：让别人按照你的意思来做。

抛开未成年的子女不说，对他人要求太高，会让自己因失望而痛苦。之所以抛开未成年的子女不说，是因为未成年的孩子性格尚未定型，尚有改变的余地，只需要师长方法得当地引导。而成年人，性格大体定型，江山易改，禀性难移，很少有人因为外界的压力而根本性地改变了自己。因此，让别人按照你的意思来做，不仅自己会超级不爽，对方也很莫名、无奈。

在广场绿地、花园小区，早先的设计师们按照建筑的理论、审美的标准以及自己的想象，修建了许多新颖别致、漂亮幽雅的小路。然而出乎他们意料的是，很多行人并不愿循规蹈矩，按照他们设计的路线走，于是，不少新路被踩踏出来。

后来设计师们终于醒悟，无论是理论标准，还是自己的想象，都应该以人为中心，充分考虑人的心理感受，如果违背了这一点，再好看的路也只是一种摆设。这样的发现使他们索性就以踩踏出来的路线进行修建，所以，以后的小路不仅中看，而且更中用了。

生活中这样的发现其实不少，在这里设计师改变的并不是一条道路，而是一种观念。很多时候我们习惯于按照固有的思维模式，按自己的意愿去要求别人，可是这种做法无疑是闭门造车、一相情愿，徒给自己增添烦恼而已，那么我们该如何调整这种思想呢?

第一，要求别人做的事情自己必须先做到。

“己身正，不令而行；己身不正，虽令难从。”榜样的力量是无穷的。因为榜样是一面镜子，对照它，可以检查不足，纠正缺点；榜样也是一个标准，它可以促使一般群众，向之看齐；榜样又是一个先导，它对一个群体的发展方向起着示范引导作用。

因此，即使身为一名管理者，也一定要比下属付出加倍的努力和心血，以身示范，以身作则，严于律己，树立一个良好的形象，才能服众，才能影响他人积极行动。

第二，不要让别人无条件地听从你的指示和命令。

在工作和生活中，如果我们时常让别人无条件地听从自己的指示和命令，就无异于把别人当作奴隶，把自己当作主人，如果我们用请求的语气，把对方当作自己团队中的一员时，将会使我们拥有更多的合作伙伴而非树立诸多的敌人。

当我们与别人交流时，“建议”往往比“要求”好用，时常用“建议”不仅不会伤害对方的自尊，还能使他愿意改正错误并接受你。无理的要求只会导致积怨。在人与人的交往中，大部分人喜欢管理别人，使别人接受自己的观点，处处显示出自己比他人优越。每个人都喜欢展示自己，却讨厌别人在自己面前自吹自擂。正如卡耐基所说："如果你想树立敌人，只要处处压制他就行了。但是，如果你想拥有更多的朋友，你必须让他显得比你突出。"

第三，让别人做你想做的事情，是以自我为中心的一种表现。

一切皆以自我为核心的人，遇事爱从个人角度出发，不能从全局看问题。人们通常都尊敬那些富有教养和内涵的人，并且常常试图接近他们。如果一个人总是以自我为中心，毫不考虑对方的立场，甚至根本无视他人的存在，那么和这样的人在一起工作或者生活，会使人感到索然寡味。

第四，让别人做你想做的事情，也是对他人的一种不尊重。

尊重，是一种修养，一种品格，一种对别人不卑不亢的平等相待，一种对他人人格与价值的充分肯定。

让别人按照你的意思来做，这本身就是一种不恰当的行为，这会给他人制造一种强大的心理压力，使其内心产生诸多不快。而且，也会使我们自己的情绪和心情超级不爽。因而，让别人按照你的意思来做事带给你的始终是一种负面的情绪体验，在让别人按照你的意思来做的过程中，你会变得越来越沮丧、愤怒。所以，不要再让别人按照你的意思来做，而先以身作则，再去对他人善加引导，这样，我们才能远离愤怒、沮丧，成功将会顺其自然地到来。

杨安谈宽恕

◆以自我为中心，是对自己的误导。

◆尊重他人，才能赢得他人的尊重。

◆一切从我做起，一切从自我要求做起。

较真，只是拿别人的错误惩罚自己

意大利诗人、散文家和剧作家阿雷蒂诺说：“人如果太较真，就是不懂如何生活；不较真既是刀枪不入；不较真又是箭，什么盾也挡不住。”如果说职场上的“不较真”能够让自己进退自如的话，那么在与人交往中的“不较真”就能让自己左右逢源了。

但是，在现实生活中，不少人在遇到不顺心的事情时，往往会不自觉地较真起来，以至于不能控制自己的情绪，要么借酒消愁，要么以牙还牙，这都是错误的做法，都只是拿别人的错误在惩罚自己。

做人固然不能玩世不恭，游戏人生，但也不能太较真，认死理。“水至清则无鱼，人至察则无徒”。太认真了，就会对什么事情都看不惯，一个朋友也容不下，把自己同社会隔绝开了。

其实在日常生活中，有些人在情绪不太好的时候，说了一些伤人的话，甚至做了不太友好的举动，这个时候，我们不要因为委屈而大动干戈，我们要心胸宽广，宽以待人，最好不要针锋相对，计较某句话或某个意思。其实很多情况下，说话的人说出的话并没有恶意，可能只是心里多疑，一时性起、心急，完全凭意气行事，不想后果，说错了话，他们暂时忘记了理智，顾不得大局。这时，如果我们能宽容温和地处理矛盾，对方也会很快冷静下来，事后自然也会反省自己，并从心里感激你的宽容。

还是那句话：人非圣贤，孰能无过？与人相处就要互相谅解，彼此忍耐，经常以“难得糊涂”自勉，求大同存小异，有肚量，能容人。

只有这样，你才会左右逢源，诸事遂愿，有许多的朋友围在身边。可是较真的人就是不能理解也无法明白这个道理，他们通常斤斤计较，认死理，过分挑剔，容不得别人一丝一毫的错误。长此以往，周围的人都躲得远远的，没有办法，只有关起门来“称孤道寡”，成为使人避之唯恐不及的异己之徒。

古今中外，凡是能成大事的人都具有一种优秀的品质，就是心胸宽广，能容人所不能容。他们豁达而不拘小节，从不斤斤计较、纠缠于非原则的琐事，所以他们才能成大事、立大业，使自己成为不平凡的伟人。

石油大王洛克菲勒是现代商业史上的传奇人物，他的公司垄断了全美80%的炼油工业和90%的油管生意。在为人处世方面，洛克菲勒很有一套，总不较真。

有一次，洛克菲勒正在工作时，一位不速之客突然闯入他的办公室，直奔他的写字台，并用拳头猛击桌面，大发脾气：“洛克菲勒，你这个卑鄙无耻的小人，我恨你！我有绝对的理由恨你！”办公室所有的职员都以为洛克菲勒一定会拾起墨水瓶向他掷去，或是吩咐保安员将他赶出去。

然而，出乎意料的是，洛克菲勒并没有这样做。他停下手中的活，像傻子一样注视着他，对发生的事似乎毫无知觉，就如同被骂的是另外一个人一样！

那无理之徒被弄得莫名其妙，怒气渐渐平息下来。他是准备好了来此与洛克菲勒大闹一场的，并想好了洛克菲勒会怎样回击他，他再用想好的话去反驳。但是，洛克菲勒不开口，他反倒不知如何是好了。不得已，他又在洛克菲勒的桌子上猛敲了几下，可是仍然得不到回应，只得索然无趣地离去。再看洛克菲勒，就像根本没发生任何事一样，重新拿起笔，继续他的工作。

懂得不较真的人绝不是傻瓜，而是真正的聪明，就像洛克菲勒。因为当你较真时，当你不愿释怀时，当你愤世嫉俗时，其实你是在跟自己过不去，是在拿别人的错误惩罚自己，是你自己为自己的生活创造了充满痛苦的战场。

研究结果显示，较真的人往往容易生气、烦恼。而一个情感失调的人，生病的风险是其他人的两倍。当人的心中产生了矛盾、冲突或者不好的情绪无法释放时，机体的内分泌功能就会失调，随之而来的就是血压升高、心跳加快、消化液分泌减少等症状，时常还伴有头晕、多梦、失眠、心情烦乱等，这些心理和生理的异常因素如果相互影响，会带来恶性循环，诱发疾病。

莎士比亚说："不要为了敌人而过度燃烧心中之火，不要烧焦自己的身体。生气是拿别人的错误惩罚自己。"气愤和悲伤是追随心胸狭窄者的影子。生气的根源不外是异己的力量，人或事的侵犯、损伤了自己的利益或自尊心等，一言以蔽之，认定别人做错了，于是勃然作色，恶从胆边生，怒从心头起，咬牙切齿。凡此种种生理反应无非是在惩罚自己，而且是因为他人的错误，这显然不值。

我们常在自己脑子里预设了一些规定，认为别人应该有什么样的行为。如果对方违反规定，就会引起我们的怨恨。其实，因为别人对我们的规定置之不理，就感到怨恨，不是很可笑吗？

生活中总避免不了有很多无关紧要的小事或不如意，如果耗费过多的精力在这些琐事上，肯定会影响重要的大事。如果我们明确了哪些事情可以不较真，我们就能腾出时间和精力，全力以赴、认真地去做该做的事，我们成功的机会和希望就会大大增加。与此同时，由于我们变得宽宏大量，人们就会乐于同我们交往，我们的朋友就会越来越多。事业的成功伴随着社交的成功，岂非人生一大幸事？

当然，人的性格天注定，要改变也不是一件容易的事。所以，做人不较真，也不是很容易就能做到的事。

第一，要学会理智处事，沉不住气时反复提醒自己要以理智的心态来控制感情。

第二，要善于运用“善解人意”的思维方法，遇事先不要急于找别人的错误，而是先站在别人的角度去考虑问题，透过别人的立场，看清问题发生的因果关系，这样才能用体谅和理解，给予自己和他人更多回旋的空间。因为每个人的思维方式都是不一样的，你不能代替别人的思想和行为，你更不能控制所有的事情，所以，何必因为一点点小事而争得你死我活呢？又何必为一些微不足道的小事而和自己怄气呢？

第三，大事化小，小事化了。善于求大同存小异，不拘小节，不斤斤计较，不纠缠非原则性的琐事，要学会“大事化小，小事化了”的智慧。这样才不会因为怄气而终日情绪低落，才能活得更加舒畅开心。

第四，只要不是原则性的大问题，就没必要非得分出个孰是孰非来，睁一只眼闭一只眼，大家都高兴，何乐而不为？

第五，要学会苦中作乐，善于在生活中寻找乐趣，多参加一些自己感兴趣的活动，来发泄郁闷。

第六，遇到难受、挫折、失败的事，不妨找知心朋友聊聊天。

第七，欲望少一点、心胸宽一点，这样更能保持心理平衡，维护身心健康。

凡事都要“丁是丁，卯是卯”的较真，这样的人活着会很累，这只是拿别人的错误惩罚自己而已。因此，与其让自己身心疲惫，还不如在现实生活中，用一种“不较真”的思维方式，以平常之心、平静之心对待人生，那么你这辈子就会过得自在洒脱了！

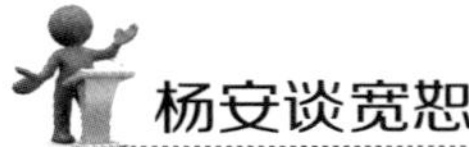

杨安谈宽恕

◆为小事较真，就会为大事头疼。

◆较真往往是对自己的残忍。

◆一较真，生活中便烦恼遍地。

争个谁输谁赢真的很重要吗

我们常听人说：“成者为王，败者为寇。”以输赢论英雄，可谓深入人心。争赢求胜是人类的天性，但我们要问：何谓输赢？输者真的输了吗？赢者真的赢了吗？成败是相对而言的，输赢只是一时，古人云：“莫以成败论英雄。”看世事，梦幻似水，任人生一度，入灭随即当前。既然如此，争个谁输谁赢真的很重要吗？做无谓的争斗，即使是赢了也算输。真正的智者，不会为无谓的争斗伤了自己，懂得这一点才能真正快乐。

生活中，我们常能看到一种现象，有些人争强好胜，却常常事与愿违；有些人不争不抢，而常常坐享其成。这正应了人们常说的一句话：“有心栽花，花不开；无意插柳，柳成荫。”《菜根谭》中“烦恼皆因强出头”和《心理学》上讲的所谓“性格悲剧”不就是这个道理吗？

人生的价值不在输赢，而是在实现自己的过程中，自己是否尽了最大的努力。结果并不是最重要的，不要为了名利争个你死我活。为了名利争斗，谁都不会赢。

1991 年 7 月 1 日晚，在法国阿斯克新城举行的国际田径赛，吸引了两万多观众。这是美国的卡尔·刘易斯和加拿大的本·约翰逊，继汉城奥运会后首次在 100 米赛跑中较量。观众就是冲着这一较量来的。本·约翰逊在汉城奥运会上，因服用违禁药物，被取消了成绩，判罚停赛两年。今年复出，两人再次同赛角逐，格外引人注目。

但比赛结果出人预料，冠军被美国的另一名选手米切尔摘取，卡尔·刘易斯获亚军，而本·约翰逊只列第七名。尽管如此，曾获 6 枚奥运会金牌的卡尔·刘易斯对能击败本·约翰逊而感到满意。他终于赢了约翰逊。赛后，本·约翰逊想跟卡尔·刘易斯握手，但遭到了对方拒绝，使其大失面子。这是为什么呢？原来在 1988 年汉城奥运会上。本·约翰逊以 9 秒 79 的惊人成绩，创造了“世界纪录”。当时，也是这次 100 米决赛的终点处，卡尔·刘易斯走上前来同他握手，表示祝贺，但他却有意视而不见，傲慢地一扭头擦肩而过。

细心的观众都会记得这段经过，这一次轮到自己头上了，本·约翰逊失败后，被卡尔·刘易斯还以颜色，可谓是“以其人之道，还治其人之身”。但这次是刘易斯赢了，那么下次呢？两个人赢了一次都不可一世，这符合真正的体育精神吗？体育竞赛的精神，不在于分出个强弱排名，而在于拼搏、奋斗！人生也是如此！

不与人争输赢，这是一种大智慧。正像“水”一样，利万物而不争，以其善下之，故能成其大；以其性柔弱，攻克天下之至坚。

不与人争输赢，又是一种大境界。“不争输赢”本身就是一种与人为善，就是对他人的一种宽容。是啊，这“退一步”“让一时”能减去多少争执，少去多少烦恼甚至避免多少灾难啊！

成大事者，不会是小气的人；成功的创业者，也绝对不是目光短浅、一味争输赢的人。因为他们懂得，暂时的谦让往往会带来更多的机会和收益。

与人交往，凡事争第一，很容易成为众矢之的。而只有做到低调行事、懂得隐藏自己，即使吃点亏，你也赢得了人心，那么你自然就是别人眼中的“好人”，拥有了好人缘，荣誉和信任必将接踵而至。

有一个人没有读过多少书，但却很爱与人争辩。他之前做过公交车司机，后来改行推销汽车，可是却没有取得成功，于是他向朋友寻求帮助。朋友问了他几个简单的问题就发现：他总是和他的顾客们争辩。如果顾客对他的车子有所挑剔，他会马上涨红脸大声辩驳。他承认，他在推销时确实赢了不少辩论。后来他告诉朋友：“走出人家的办公室，我常说‘总算把那家伙教训了一次’。我的确教训了他一次，可是我却什么都没有卖出去。”

最后，朋友给了他一些很中肯的建议，他慢慢地改变，现在的他已经是纽约怀特汽车公司的明星推销员了。他的朋友究竟给了他什么样的秘诀呢？他举了个例子说：“如果我现在走进顾客的办公室，但他说什么？怀特汽车？不好！白送我我都不要，我想要的是某个牌子的汽车。我会说兄弟，那个牌子的车的确不错，买他们的汽车绝对不会错。那个公司也是很好的公司，业务员也都很优秀。这样他就无话可说了，我没有给他争辩的余地。如果他说那个牌子的车最好，我说没错，他就只能停下这个话题了。他不可能在我同意他的看法后，还说一下午的那个牌子的车最好。接下来我们不再谈那个品牌，此时我就可以介绍怀特的优点了。”

他还说：“我要是在当年听到客户说那种话，早就大发脾气地数落他所说的牌子的车的缺点了，我批评得越厉害，对方就越夸那个牌子好；激烈的争辩只会让对方更加喜欢我的竞争对手的车。现在回想起来，真不知道过去是怎么做推销工作的。这辈子我在争论上花了不少时间，但我现在懂得闭上嘴巴了，还真有效果。”

正如睿智的富兰克林所说：“如果你老是争论、反驳，也许偶尔能获胜，但那是毫无价值的胜利，因为你永远得不到对方的好感。”因此，一定要考虑清楚：你是要那种字面上的、表面上的胜利，还是要别人对你的好感？也许你是争论中有理的一方，但要想改变别人的主意，你就错了，你的所有辩论都是徒劳无功的。而且，在想要赢别人的过程中，无意间也给自己塑造了很多的竞争对手，树立了很多的敌人。你越强势、越好胜，你的人际关系就越不容易和谐。

再者，在争的过程中你真的快乐、自在、安详吗？难说。争的过程往往都处在患得患失的状态中。一个人如果常常处在这种钩心斗角的苦恼世界中，是不可能得到大安心、大自在的，更是无法感觉到幸福、温馨和满足的。

比如说楚汉相争，最初势力强、占上风的是项羽，但是越赢，他的傲慢之心就越强，目中无人，刚愎自用，导致了最后的败亡。这就是争的结果！

如果用强势的好胜心去待人处事的话，人际关系会越来越恶化，会不断地播种失败的种子，而自己尚不知觉。所以通常越强势的人后来吃的苦就越多，失败的概率就越大。

所以，老子很坦诚地告诉我们：“夫唯不争，故天下莫能与之争。”意思是说，如果你能“不争”，天下就没有人争得过你，你就不会失败。

有的人认为，社会只有通过竞争才会进步。但事实上，进步则来自于自我成长。在竞争中，会产生很多的得失心，要么是自卑，要么是自傲，还会树立很多的竞争对手与敌人。所以要追求自我成长，就要看自己有没有进步。不伤和气的君子之争，能互相切磋；趣味性的比赛，让身心更健康。不争非但不是消极的，反而是一种积极、乐观的心态，因为这是自我净化和提升的修养过程。

有首禅诗说：“尘沙聚会偶然成，蝶乱蜂忙无限情；同是劫灰过往客，枉从得失计输赢。”世界本是一颗颗沙子堆拢起来的，偶然砌为成功的世界。人生亦是如此，偶然中有必然，必然中有偶然。蝶乱蜂忙，人们就像蜜蜂蝴蝶一样，到处飞舞，痴迷忙碌，正所谓：“不论平地与山尖，无限风光尽被占。采得百花成蜜后，为谁辛苦为谁甜。”

人生一世，劳苦一生，为儿女、为家庭、为事业，最后直到生命之火燃尽，仍找不到生命的答案。明知道到头来终是一场空，却也跳不出世俗的羁绊。人在旅途，同为劫灰过往客，又何必在一时的输赢得失中斤斤计较？每个人心中都有无尽的宝藏，关键要看我们自己乐意不乐意、能不能够挖掘出自己的这些宝藏。如果我们迈向高等心灵，与天道、地道、人道合而为一，我们就会看到，自己的清静心就是宝藏，本来就一切具足，何必与别人争？

杨安谈宽恕

◆眼光长远，以大局为重，不要为得之功而挫败对方。

◆争来抢来了荣誉，并不等于就真的有了荣誉。

◆唱主角不独裁，唱配角不争权，一切为了唱好“戏”。

生命即关系，关系在于包容

生命是一种体验，在各种关系当中去体验。一个人无法孤立地生存于世，所以生命即是关系，而关系则是行动。那么，一个人怎样才能够拥有理解关系即生命的能力呢？难道关系指的不是与人的交流以及同事物和理念的亲密接触吗？生命即关系，这表现为与物、与人、与理念的联系。在对我们所身处的各类关系的认识中，我们将有能力去充分地、彻底地面对生命。因此我们的问题不在于能力——因为能力依赖于关系，是对关系的理解，有了理解，自然会产生迅速适应、调节和反应的能力。

显然，关系是你发现自我的一面镜子。没有关系，我们便什么也不是。存在即是与外界发生关联，有关联便是存在。你只能在关系中存在，否则你便无法生存，存在便毫无意义。不是因为你“认为”自己存在就是存在，你存在是因为你与外界有关联。正是由于缺乏对关系的认知才会导致冲突的出现。要知道，关系在于包容。

包容，是一种宽广的胸襟；包容，是一种宏大的气魄；包容，是一种优雅的姿态；包容是一种彻悟人生的淡定。包容不是懦弱，不是胆怯，而是海纳百川的大度，是笑看风云的开怀与爽朗。包容不仅给了他人一个宽广的世界，也给了自己一片无垠的天空；包容不仅意味着对于个人得失不计较，还要求人们能用自己的爱心和真诚来温暖他人的心。包容能将彼此之间的隔阂消除，更能用自己的爱心温暖他人冰冻的心灵。在这个充满竞争的时代，人们更需要这种包容与关爱。

在现实生活中，人与人之间的差异是客观存在的。世界上不会有完全相同的两片树叶，一模一样的两个人更是不可能存在的。包容，本质就是对差异的一种理解与认可。急性子对慢性子的谦忍，内敛的人对心直口快的人的理解，成功者对失意者的善待，这都是一种包容、一种豁达。越是包容，生活中就越少怨恨和烦恼，包容得多，身边的朋友会越来越多，生活也会越来越美好。如果在人际关系中不能包容，那么会使身边的人一个个地离开自己，使自己越来越被孤立。

海姆向来对自己要求严格，同时也苛刻地要求身边的朋友。

其实，海姆很聪明，对周围的人也很热情，他不能忍受没有朋友的那种孤单和寂寞。然而他又绝不允许朋友身上存在一丝一毫的缺点和毛病，甚至于不允许存在与他自己不同的性格和为人处世的方法。一些朋友在和他保持一段时间的友谊的时候，只能时时刻刻地压抑着自己。可是，压抑自己是非常折磨人的事情，谁也不能长久坚持。

于是，海姆在热情结交新朋友的同时，也在一边失去老朋友。久而久之，他身边连一位朋友也没有了。

金无足赤，人无完人。如若我们要与其他人一起生活、工作，我们就要允许差异的存在，允许每个人都按照自己的意愿去生存，无论他人的脾气、秉性、待人接物、心胸、气度有何不同，我们都应该努力地以包容之心来对待，使得人际关系少一分紧张，多一些融洽。人际关系处理不好，生活必然不会悠然快乐。

当他人身处困厄时，多给人一些包容，那么我们不仅能得到心灵的慰藉，还能创造奇迹。

1994 年，瑞典国王宣布年度诺贝尔经济学奖的得主为约翰·纳什时，这一消息令数学圈里的许多人颇为吃惊。他们惊叹的不是纳什能够获得诺贝尔奖，而是惊叹他竟然仍在世。

1928 年，纳什出生于美国。与很多天赋较高的人一样，纳什小的时候就显得有些不太一样，那就是他性情孤僻，这种性格缺陷为他日后的不幸悲剧埋下了伏笔。

中学时代，纳什在数学方面已经显露出了不同于常人的天赋。1958 年，美国《财富》杂志将纳什评为新一代天才数学家中最杰出的人物，当时他正在麻省理工大学任教。

同年，纳什童年时代的性格缺陷导致的问题逐渐显露出来。他更加孤僻，更加喜欢独处。同时，他还被复杂烦琐的数学问题折磨着，最终，纳什竟从一个数学天才变成了一名妄想型精神分裂症病人。

此后，纳什再也没有发表论文，也没有任何学术职务以及科研成果，他就像幽灵一般到处游荡。然而，普林斯顿大学还是向他敞开了胸怀，接纳了纳什。他的妻子不离不弃，将孩子留给自己的母亲照看，自己专门照料纳什；他的同事也没有将他抛弃，依旧邀请他参加各种学术活动，待他仍像对待一个正常人一样。

在众人的关爱与包容中，奇迹终于发生了。1988 年，普林斯顿研究所的戴森教授，像往常一样问候纳什时，纳什忽然开口说道："我看见你的女儿今天又上电视了。"这或许是纳什三十年来在人前说的第一句话。

许多年以后，戴森对当时的情景还记忆犹新。他说："最奇妙的还是这个缓慢的苏醒。渐渐地，他越来越清醒，还没有任何人像他这样清醒过来。"也就是 1994 年，纳什在清醒状态下，荣获了诺贝尔奖。

纳什是不幸的，当他精力充沛、意气风发时却陷入了精神分裂；他又是幸运的，久病得愈，最终还获得了诺贝尔奖。更幸运的是，纳什有爱自己的妻子，有那么多的同事在包容他、关爱他，他们没有因为他变成了另外一个人而横眉冷对，而是一如既往地加以包容与爱护。所以，才有了奇迹，才有了这个令人感动的故事。

每个人的生活经历、社会环境、教育程度不一样，导致各自的禀性与修养出现差异。因此，我们不能要求他人事事与自己保持一致。只有心存包容之心、豁达之心，我们才能在生命关系中建立起和他人良好沟通与和睦相处的桥梁。

包容是一种深厚的涵养，是一种善待生活、善待别人的境界；包容是一种情操、一种美德，是化解矛盾的法宝，是消除隔阂的良药。它不但可以改善自己与他人的关系，也给自己的心灵带来了宁静与祥和。生活的天地如此宽阔，我们没有必要在彼此摩擦中浪费时间，浪费生命。人生在世，大度一些，容别人所不能容，忍别人所不能忍，笑一笑，其实也没什么大不了。处处能容，事事看破，生命自当轻松、自在、洒脱。

想要做到真正的包容，就要对不同的生活方式、价值观、思想、言论以及宗教信仰等予以理解与尊重，以兼容并包的态度，不把自身认为“是”或“非”的东西强加给他人。你可以不赞同他人的言与行，然而应当尊重他人的选择，尊重他人的自由思想以及生活的权力。

包容他人是对他人的一种尊重、一种接受、一种爱心，包容更是一种巨大的力量。互相包容的家庭一定和和美美；互相包容的朋友一定风雨同舟；互相包容的世界一定和谐而美丽。

生命即关系，关系在于包容。每一个人包容一点，大度一点，我们的生活就会更精彩、更和谐、更美好。

杨安谈宽恕

◆包容之心如星辰，照亮了前程。

◆包容就像天上的细雨滋润着大地，它赐福于包容的人，也赐福于被包容的人。

◆不会包容别人的人，是不配受到别人的包容的。

学会接纳他人的对与不对

地球这个蓝色星球一直以开阔的姿态运转，接纳万千物种的到来和每一次的气候变迁，对于地球所承载的厚重和宽广，我们每一个人都会用“伟大”去描述它。其实在我们生存的世界上，有一种东西比地球的体积更庞大，比世界的幅员更辽阔，这便是人类的心灵。

心灵是映射万物的根源，它的容积超过一切我们所能预见的庞大，有着可以无限发展的潜在空间，它所能接纳的远远不只是我们所看到的一切。一个心灵，足以接纳一个世界。

宽厚的心灵所产生的力量一直被世人传递和继承，容得起才有凝聚力，承担得起才有感召力，如此才有人类的进步。宽容即得人心，宽厚之人即便一挥手、一投足，那种力量也是巨大而不可抵挡的。因此，我们要升华自己的人生境界，学会宽厚地接纳他人的对与不对。

我们常说“尺有所短，寸有所长”。意思就是说，人都有其长处，也有其短处，只要你细心就会发现，每个人的身上都有值得学习的长处和需要容忍的缺点。如果我们一味地揪住别人的短处不放，一味穷追猛打，那么实际上也是在用绳索套牢了自己。既然如此，我们就得学会接纳他人的对与不对。只有这样，我们自身才会得到最大的释放与自由，才能增添自己的人格魅力，为自己赢得广阔的发展空间。

古人云：“海纳百川，有容乃大；壁立千仞，无欲则刚。”意思是说，能够宽容地接纳别人的对与不对，不与别人计较的人，都是豁达开朗的人。他们拥有博大的胸襟，能赢得别人的尊敬和爱戴。

美国著名的成功学大师卡耐基也用宽容赢得了他人的尊重，化解了许多不必要的争端。有一次，他在谈论一本名著的作者时，由于不小心，两次把这位作者的故居说错。结果，卡耐基的错误遭到了不少人的批评。一位女士写来一封辱骂性的信，卡耐基几乎快被激怒了。他虽然在地理上犯了一个错误，但这位女士在礼节上犯了一个更大的错误。但是，卡耐基并没有回击那位女士，他知道相互指责和争论是毫无意义的。自己错了，就应该向别人承认错误，这才是最好的策略。于是他在广播里向听众致歉，还特意给那位辱骂过他的女士打电话，向她承认错误并表示歉意。后来，那位女士反而为自己写的那封信而感到惭愧。她说："卡耐基先生，您一定是个大好人，我很乐意和您交个朋友。"就这样，卡耐基用自己的宽容化解了矛盾。

那位女士没有礼貌，但卡耐基并没有与之计较，而是大度地承认自己的错误，最终用宽容的接纳态度感化了那位女士。学会接纳他人的对与不对，才会让人有空间改过。指责和批评不但不会让人改过，只会让人更难堪。

接纳是理解和尊重的体现，是修养和美德的象征，代表着关心，蕴涵着信任。它不仅能够感化别人，同时也会为自己赢得广阔的发展空间。

接纳是解决问题的最好途径。等到你的勇敢战胜了一个个困难，你的慎重一再避免了失误，你的真情融化了别人心头的坚冰，你的灵活使我们化险为夷、转危为安，你的让步给双方带来了广阔的天地，你的赞美得到了公众一致认可，人们便会更加理解你、信任你。

有一位部门经理，在一次外出时，手提包被盗，里面除了常用的钱物外，还有公司的公章。当她既内疚又担心地站在总经理面前讲完所发生的事情后，总经理笑着说："我再送你一个手提包好吗？你前段时间的工作一直非常出色，公司早就想对你有所表示，但一直没有机会，现在机会终于来了。"

那位没有暴跳如雷的总经理，用接纳的态度处理了这件事，使部门经理心怀感激，后来任凭其他公司用多么优厚的待遇聘请她，她都不为之所动。这就是接纳的力量。

世界上没有十全十美的事，也没有十全十美的人。面对别人的缺点，天下只有一种方法，能得到辩论的最大利益，那就是退一步辩论。懦弱愚蠢的人，容易激动和大吵大嚷；聪明能干的人，什么事、什么时候，都能够保持自己的尊严和风度，所谓“谋事在人，成事在天”。在现实生活中面临的别人的大部分缺点，并没有使你达到生死攸关的地步，以牙还牙、以毒攻毒的方式于事情的解决并没有好处，还可能会出现“两虎相斗，必有一伤”或“两败俱伤”的结局。

所以，面对别人的优点、缺点，用接纳的方式去对待，不仅可以使自我的品行和灵性不会输给他人，而且往往是给自己机会。接纳的空间越大，最终赢到的会越多。

那么，我们该如何学会接纳他人的对与不对呢？

1. 分析他们犯错的原因

可能是受到恶劣环境的影响，可能是因为他们自己认识不清，也可能只是一时疏忽，有时还可能是因为求好反而犯了错误——主观上求好，而客观上犯了错误。大多数的错误都是可以原谅的，也都是可以改正的，我们应该多给他人一次改正的机会，而不可一棍子全部打死。

2. 就事论事，对事不对人

如果面对他人的不对，心里总难以释怀，有必要加以理论、劝诫的话，就要牢牢遵循“就事论事，对事不对人”的原则。在你给他人第二次机会之前，一定要告诫自己“是事错了，而不是人错了”。当事情出现过错时，我们所要讨论的是事情如何解决，而不要对他人的人品作任何评价。只要他能够认识到自己的错误，并且能够及时改正，事情也就完结了，而且这样还可以减少自己心中的烦恼，给他人一个改过的机会。

3. 讲究方法，达到劝慰的最佳目的

接纳也不是没有界限的。因为接纳不是忍让，尽管包容有时需要忍让；接纳不是妥协，尽管包容有时需要妥协；接纳不是迁就，尽管包容有时需要迁就。我们应该抱着珍惜情谊的态度，对他人的错误，在不伤及其自尊心的前提下，诚恳而婉转地加以解释与劝导，安慰他们的苦恼，鼓励他们改正。

接纳是催化剂，可以消除隔阂，减少误会，化解矛盾；接纳是润滑剂，能调节关系，减少摩擦，避免碰撞；接纳是清新剂，会令人感到舒适，感到温馨，感到自信，感到世界的美。

“海纳百川，有容乃大”。学会接纳他人的对与不对，我们的胸怀才能像大海那样辽阔；学会接纳他人的对与不对，我们的世界才会充满幸福和爱；学会接纳他人的对与不对，幸福才会离我们更近一些。

杨安谈宽恕

◆只有勇敢的人才懂得如何接纳；懦夫绝不会接纳，这不是他的本性。

◆接纳意味着尊重别人的任何信念。

◆人们应该彼此接纳：每个人都有弱点，在他最薄弱的方面，每个人都能被切割捣碎。

原谅他人，其实就是在放下自己

原谅是一种风度，是一种情怀；原谅是一种溶剂，一种相互理解的

润滑油。原谅像一把伞，它会帮助你在雨季里行走。原谅他人，其实就是在放下自己。

很多人都曾有过这样的感受，有人做了一些对不起你的事情，一提起他，你就会想：为了这件事，我永远不会原谅这个人！其实这样想，无异于是在说自己不想采取任何行动来改变现状，宁可活在过去，而且把某件事情的结果完全归咎于他人头上，每每想到这件事，自己都会气不打一处来。

心理学家伊瑞特·华丁顿博士指出，不能原谅的情绪能够表现为具体的生理经验，比如五脏六腑翻腾、荷尔蒙增加、肌肉收缩、脑神经记忆反应与负面敌意连接等。当然，一旦释放这些情绪，身体马上就会发生变化。在自己眼里看来应该“千刀万剐”“罪该万死”的人，非但什么事情都不会发生，反而照样快快乐乐地过他们的日子，我们内心波涛汹涌的情绪一点都不会影响到他。反倒是自己，不“想”则已，一“想”惊人，不是生气、失眠，就是嘴巴发苦、胃肠功能紊乱，搞得自己心情失落，狼狈不堪。

我们必须正视不能原谅别人给自己带来的伤害，不原谅别人，受伤害的人并不是别人，而是不能释怀的自己。其实对方很可能已经忘记了这件事，甚至根本不知道他犯的错“会不小心伤害了你”，但你还在紧紧地抓着不放，不断用记忆加重自己的痛苦，甚至影响无辜的家人。

路易斯·密得说：“也许在很久以前，有人伤害了你，而你却忘不了那件不愉快的往事，到现在还痛苦不堪，那就表示你还继续在接受那个伤害。其实你是无辜的，你要了解到，你并不是唯一有这种经验的人。赶快忘掉这不愉快的记忆，只有宽恕才能释放你自己，让你松一口气。”原谅是对过失的一种宽容。原谅他人能使我们和他人之间架起一座美好的桥梁。

宋代的寇准与王旦，同朝为官，王旦为宰相主管中书省，寇准为副相，主持枢密院。两人性格相左，一个柔和，一个刚直，所以常有摩擦。一天，中书省有文件送枢密院，不合诏书格式，寇准便把这件事报告给了宋真宗，王旦因此受到了责备，中书省的官吏也受到了处分。没出一个月，枢密院有文件送中书省，也违反了诏书格式，中书省的官吏很高兴地呈送王旦，认为报复的机会来了。王旦却叫人把文件送还枢密院。寇准知道后十分惭愧，拜见王旦说："你真是有天大的度量啊。"王旦以德报怨，宽容对待同僚间的摩擦，不仅消除了彼此隔阂，确保了政坛稳定，而且以自己的高尚情操，"善"出了政绩卓著的一代名相——寇准。

有时，感化的力量远远超过武力的效应。当别人做了对不起我们的事情时，我们应该冷静下来，甚至去关心他人的苦楚。也许，我们真的能感动他，使他体谅到我们的宽容。当然，能够做到以德报怨是需要有很好的涵养和开阔的胸襟的。

在中国历史上有好多以德报怨的佳话，像"负荆请罪"的故事：蔺相如因"完璧归赵"得到赵王的重用，老将廉颇不服，多次羞辱他，蔺相如先国家之急而后私仇。为了国家利益忍辱负重，终于感动了廉颇"负荆请罪"，蔺相如没有计较过去的恩怨，原谅了廉颇，二人结成生死之交。

另外，像曹操"割发代首"，诸葛亮"自降三级"，吕夷简不计个人恩怨保荐范仲淹等，也都是从国家、事业大局出发的例子。

人非圣贤，孰能无过？在社会这个大家庭中，每个人都会犯错误，原谅别人的过错就等于给了别人一个台阶下，相信如果有一天，我们做错了什么，别人也会原谅我们的。

不过，很多人认为，原谅别人，往往就意味着对自己利益的让步，意味着让别人占点小便宜，意味着让别人有一个犯错误的机会，因此，原谅别人并不容易。在现实生活中，我们也常见到有的人为自己不原谅他人而找理由，其中最重要的理由就是："别人为什么不原谅我?"似乎并不是我们没有胸怀，而是别人没有肚量。那么，我们换个角度来想一想，对于别人，我们没有原谅别人，又有什么理由让别人先原谅我们呢?

其实，只要我们肯原谅别人，别人也会原谅我们。每个人都可能会犯错误，因此人总有需要他人原谅自己的时候。从长远来看，原谅他人，其实就是放下自己。原谅他人，使自己不仅远离烦恼，还将收获快乐。在原谅他人的过程中，我们就已不知不觉脱离了平庸与俗气，清静的心灵中就会涌出快乐的甘泉。

一天，禅师吃过晚饭，来到禅院散步，突然发现在院落的墙角下摆着一张椅子。他猜想，肯定是有人不顾寺庙的规矩翻墙出去了。禅师走过去，把椅子移开，自己顺着椅子原来所在的地方蹲了下来。

一段时间过后，墙的那边开始有动静，一个小和尚攀着墙垣，翻身而入。黑暗中，他的双脚踩在禅师的背上，他以为是之前自己摆在此处的椅子。落地时才发现，原来是自己的师父蹲在地上。小和尚惊吓不已，害怕得不知如何是好。

禅师拍了拍身上的尘土，没有责怪他，反而关心地说道："夜深了，赶紧回房间多穿件衣服，以免着凉。"

小和尚既意外，又感动。他意外师父没有责备他，感动师父宽容而又慈悲。从这以后，小和尚再也不私自离开寺院了。

小和尚违反寺规的行为被禅师发现，禅师完全可以把他抓起来，用寺规惩罚他。但是禅师却没有这样做，反而是用爱和宽容原谅了小和尚的过错，继而感动了小和尚。

佛家云：“以恨对恨，恨永远存在；以爱对恨，恨自然消失。”有爱与慈悲为怀的人，在原谅他人的同时，也放下了自己，使自己得到了宽慰与解脱。

试想，假如自己犯错误时，肯定也希望自己能够得到宽容，而不是被一棒子打死。推己及人，既然自己在犯错误的时候希望得到的是宽容，那么别人也是一样。所以，面对别人的错误，你应当通过旁敲侧击以及自己的语言艺术，做到不怒、不火、不打、不骂、不正面、不直接，让自己的朋友感受到你对错误的看法的同时，叫他能够接受。

另外，你还可以学会思维转移，不听不能入耳之话。如果是普通朋友、普通事情，则要考虑尽量保全自己和他人之间的关系；如果是重大事件或重大损失，则要考虑把损失降低到最低限度，而且要给自己提供东山再起的信心与条件。

人生原本短暂，为何要为那些过去的恩怨情仇而纠结烦恼呢？为何要让自己的心始终记挂着那些早已逝去的悲伤呢？原谅他人，不仅仅是为了别人，也是为了放下自己，让自己心安，让自己能够快乐地过好每一天。原谅伤害你的人，放飞自己的心，让那些痛苦的伤害随风而去吧！对伤害释怀，你才能面朝大海，迎来春暖花开！

杨安谈宽恕

◆人心不被武力征服，而顺服于爱和宽容。

◆原谅是痛苦的，但它的结果是甜蜜的。

◆唯宽可容人，唯厚可载物。

永远不能缺少欣赏的目光

看一个人是不是胸怀宽阔，很重要的一点就是看他是否会欣赏他人，如何欣赏他人。一个人如果视同道为冤家，看他人一无是处——“他是伤疤我是花”，最终自己也将难有大的作为。只有懂得欣赏别人，才能为自己的发展提供“雨细鱼儿出，风轻燕子斜”般和谐的人际环境。欣赏，是人生永远不能缺少的目光。

一个懂得欣赏他人的人不会因为别人比自己优秀而心生嫉妒，他会真诚地欣赏强者的优点和成就，并用自己的大度让对方折服。有位哲学家曾说过：“渴望得到别人的认可和赞赏，是人类埋藏最深的本性。”天底下几乎没有不喜欢被别人欣赏的人，几乎没有被欣赏后而不尽心竭力做事的人。

永远不缺少欣赏的目光，可以更好地学习别人。欣赏别人是我们提高自己、完善自己的一种方式。只要我们能发现别人身上有值得我们欣赏，值得我们学习的东西，我们就应该放低自己的心态，谦虚地学习，只有这样我们才能真正提高自己，完善自己。

永远不缺少欣赏的目光，可以培养自己的气度。欣赏别人，正视别人的长处，体现的是一种胸襟，一种气度。而只有不断开阔自己的胸襟，培养自己的气度，才能具有成就事业的性格基础。相反，在职场或生活中，很多人听到别人有了成绩就不自在，看到别人有了进步就不痛快，这是一种心胸狭窄、气量狭小的表现。这样的人，谁都不愿意和他们交朋友，也不会有很多人愿意与他们合作或相处。

永远不缺少欣赏的目光，可以培养自己上进的态度。那些不懂得欣赏别人的人，不仅说明了他们冷漠的处世态度、狭隘自私的阴暗心理，更说明了他们的不求上进与无知。这些人只相信自己、不相信别人；只承认自己的优点、不承认别人的长处。他们只知道自己取得一点点成绩很不容易、不知道别人每一次进步也都是靠辛苦的汗水换来的。长久下去，这些人就只会锐气尽失，不求上进，失败总有一天会降临到他们身上。

永远不缺少欣赏的目光，善于为别人鼓掌，其实也是在给自己加油。当我们没有成功时，我们应该真诚地为走向成功的人鼓掌；当我们走向成功时，要学会为别人鼓掌。相互鼓掌才能相互提高，当你善于为别人鼓掌时，才会获得更多人的喝彩。

总之，永远不缺少欣赏的目光是有百利而无一害的。我们只有永远不缺少欣赏的目光，才能获得他人的关注、才能提高自己。在这方面，有的人很疑惑，感到无所适从，不知该如何调适自己欣赏其他人的心态，以下几点可供参考。

1. 发自内心

欣赏他人是别人强迫不了也是自己不能勉强自己的事，它是一种发自内心的自然流露，自然而然，毫不虚假。只有这种欣赏才是真实可靠的，才能让对方认可，才具有特殊的感染力。欣赏他人，光有认识不行，生硬付诸行动也不行，必须从深层培养自己的处世品格、做人操行、和善待人、真诚不苟。到了这种境界，不必刻意去做，欣赏他人就会成为对待他人的基本方式和自然格调了。

2. 想想他人的好处、趣处

欣赏他人是交际的一般原则。但现实情况是，有些人是你所喜欢的，而有些人与你并不投缘，不能让你认同，甚至有偏见。这样即使拥有欣赏的愿望，恐怕也很难变成自觉行动，更谈不上充分、到位了。但每个人都有自己独到的优点、趣处，这最惹眼，最易让人接受。想想他的优点、好处、趣处，你会忍俊不禁，兴奋起来，乐于接受对方，以此为引子，进而扩展、深化，就会自觉欣赏他、真正欣赏他。

3. 寻找双方的共同点

一个人总在参照着他人，从他人身上找到印证自己的地方。尽管人与人之间差异是很大的，但总会有共同之处。在这些共同点上，双方会激起交往的火花，会产生心理的共振共鸣，会形成一种互悦、互纳的心理倾向。也就是说，双方的共同点是最容易得到认同和接受的，会自觉、自然地去欣赏他人，不仅是发自真心的，而且是富有激情的。这种共同点是欣赏的切口和开端，会促使你成为一个欣赏他人的人。人与人的共同点是很多的，而那些最容易引起你共鸣、认同的共同点，则恰恰是需要寻找的。

4. 关注他人的优势

一个人的优势是其魅力所在，对方最能打动你，最让你信服的往往就是他的优势。不同的人，优势程度、状况并不一样，有的十分炫目耀眼，有的则不那么起眼，就前者而言，容易引起别人的关注和欣赏；而后者，则往往被人所忽视，这样就无法让别人产生一种源自内心的欣赏情绪。因此，我们要对他人的优势加以特别的关注，既是对他人的正确认识、公正对待，也能培养自己对他人的欣赏。

5. 用发展的眼光看待他人

人总是优缺点同在，长短处共存的。优点、长处容易赢得欣赏，而对缺点、短处就要付之冷漠和轻视吗？人应该是向善向好的，优点、长处是其奋争努力的结果，缺点、短处则是由众多复杂而微妙的原因决定的。要自我提高，让优点、长处更为突出、丰硕，让缺点、短处得到摒除和克服。人是会变的，所以，要用发展的眼光看人，不能盯着他人的缺点、短处不放，这样才能客观公正，才能让你以理解、宽容、欣赏的态度善待对方。

6. 克服自己的消极心理

欣赏他人需要一种良好的心理基础。这在心情好或感觉好时，是容易做到的。而当对方的缺点、不足十分突出和明显时，或与对方不和睦，甚至存在“威胁”时，则对对方厌恶、敌视、对抗。有这种消极心理是不可能真正欣赏他人的。这就要求我们要对这种心理予以克服，而且要经常反省，及时清理和避免消极心理。

7. 自信

要坦然地欣赏别人的优点和成绩，还需要相当的自信和勇气。日常生活中，我们经常遇到别人比自己强的情形，而赞美之词却怎么也说不出口。主要是因为缺乏自信心，觉得自己不如对方，于是心理失衡，没有勇气为对方喝彩。要么觉得“不好意思”；要么认为自己与之相比，结果昭然自明，不用多此一举；要么觉得自己人微言轻，赞美了也不会引起重视，还害怕会引起非议，被人误解为是溜须拍马。结果，不仅失去了一次坦然欣赏别人的优点与长处的机会，也失掉了一次抛弃自卑与胆怯心理的机会。

先哲培根有句经典的话：“欣赏者心中有朝霞、露珠和常年盛开的花朵，漠视者冰结心城，四海枯竭，丛山荒芜。”永远不缺少欣赏是一种理解的延伸，是一种知性的壮美，是一种激励的本领，是一种无穷的力量。当你深谙欣赏的真谛后，它就会创造出一种平和、平等的关系，排除误解和不信任。它通过呼唤真诚与宽容，从而以人性的暖色、人文的关怀强化了他人，升华了你的人生境界。这种一举多得的事情，我们又何乐而不为呢？

杨安谈宽恕

◆懂得去欣赏，处处好风光。

◆打动人心的是真诚的欣赏，而不是指指点点的挑剔。

◆欣赏他人需要容量，被人欣赏需要质量。

在他人的快乐中让自我的快乐起航

大家都听过“君子成人之美”这句话，很少有人知道其下一句是“不成人之恶”，语出《论语》。这两句话合起来的意思就是君子成全别人的好事，不成就别人的坏事。“成人之美”是想方设法地帮助别人实现他的美好愿望，成全他人的好事。

君子成人之美，是君子要成全他人的好事，不破坏别人的事，然而与君子相对，小人则会千方百计地阻挠别人的好事。一个真正有修养的人，看到身边的人好事将近，会乐意帮助他达成心愿；遇到恶劣的情形，会想办法去帮助他人排忧解难，将成全他人的快乐看作自己的快乐，在他人的快乐中让自我的快乐起航。

著名心理学家阿德勒常对那些患有忧郁症的病人说：“每天做一件让别人高兴的好事，按照这个处方，保证你 14 天内就能治好忧郁症。”

阿德勒博士督促我们每天都做一件好事，为什么每天做一件好事对人会有这么大的好处呢？原因是想要成全他人的快乐时，就不会有时间想到自己，而产生忧虑、恐惧与抑郁的主要原因就是只想到自己。亚里士多德把在他人的快乐中让自我的快乐起航的态度称之为“开化了的自私”。左罗斯特说：“对别人好不是一种责任，它是一种享受，因为它能增进你的健康与快乐。”富兰克林说得更简单：“你对别人好的时候，也就是对自己最好的时候。”

纽约心理服务中心主任林克曾说：“我认为，现代心理学最重要的一个发现就是，科学证明为完成自我实现与得到快乐，自我牺牲与纪律都是必要的。”

正如卡耐基所指出的，想让自己快乐起来的另一种方法就是努力让他人开心，这样自己也会跟着快乐起来，因为快乐是能够传染的。这不仅可使自己免于烦恼，也可以结交更多朋友，得到更多乐趣。

居住在美国西雅图的弗兰克·陆培博士就是一个非常喜欢为他人着想的人，所以他的一生也过得非常快乐。如果大家知道陆培博士是一个因为风湿病而卧床20多年的人，那么必定非常奇怪：一个只能躺在床上的人为什么会这么快乐呢？

如果陆培博士是一个十分消极、整天抱怨命运的人，或者是一个非常自私、以自我为中心的人，那么他不可能过得快乐。他的快乐秘诀就是“为人民服务”。在他住院的时候，他收集了很多病人的姓名和地址，在自己闲暇的时候就会写很多关于励志和快乐的信给这些病人，在让这些病人感到十分感动和愉悦的同时，他的内心也充满了快乐。

他虽然只能躺在床上，却从来没让自己闲下来什么事也不干：他通过努力组织了一个俱乐部，这个俱乐部专门用于病人之间的通信；他平均每天都要写上五六封信寄给一些病人；他还将他人捐赠给俱乐部的书籍和收银机分发给病人，让他们感到由衷的快乐。

陆培博士之所以能够身为病人还能过得很快乐的原因，就在于他是一个无私的人，为了他人的快乐而努力，而这种努力的过程也给予了他无尽的快乐。

有这样一个故事，从前有个叫齐恒的人，饱读诗书却一向自命清高，不屑于和达官贵族往来，隐居于乡间，每天吟诗作画，十分自得。

一天，齐恒从家里出来，顺着一条小路来到乡间，此时，正值春耕，几个庄稼汉正在插秧。齐恒顿觉有趣，走到跟前观看。看了一会儿，齐恒问老农说："除了插秧种田，你还会别的营生吗？"

老农听罢，摇了摇头，说："我祖祖辈辈都是庄稼人，没别的本事，就会干农活儿。不过，我种的葫芦能在集市卖出最高价，就连老爷也派人专门从我这儿买葫芦。自从葫芦的名气打出去，去年开始，我就把种葫芦的方法全都教给了乡里乡亲。卖葫芦挣的钱可以交纳赋税，这样一年下来，大家的日子过得都不再紧巴巴的了。"

齐恒听后，很是赞同，对老农说："有这么好的事，你一人独自享福不就行了？何必将种葫芦的方法传授给众人？若是只有你一人知道其中的秘诀，一定会过得更加逍遥，不用大热天的还在田里干活，面朝黄土背朝天的。"

老农听了齐恒的话，当即没有作声，沉思了一会儿，说："我种出了一个大葫芦，它的外壳坚硬得像石头一般，皮非常厚，以至于葫芦里面有没有空间、这个空间有多大，我也说不清楚，不如把这个大葫芦送给您。"

齐恒听了捻须一笑："嫩葫芦可以吃，葫芦长老了，能用来盛东西。你说的这个葫芦不仅皮厚，还坚硬得不能剖开，而且也不清楚葫芦的用途。这既不能装物，也不能盛酒的怪葫芦，我要来做什么？”

老农哈哈笑道：“先生说得真是好，不过先生您隐居在此，空有一肚子学问和一身本领，却对这世间、对他人没有丝毫益处，跟我那个葫芦不是一样吗？”

多简单的道理，一个人即便有治世之才，一身惊天才能，如若不能惠及别人，也不过是精美的花瓶，只能做房间的摆设，自己的生命不会有突出的意义。这大概就是齐恒做人失败的地方。

成全别人的快乐，在他人的快乐中让自我的快乐起航，这个道理看起来简单，但是真正实施起来较为困难。因为，我们总是把自己的利益得失看得最重要，说到让他人快乐，谈何容易。故事中的齐恒只是想独善其身而已，而我们身边不乏把自己的快乐建立在别人痛苦上的人。有些人是无意，有些人却是故意。比如，工作中的竞争，有些人为了个人业绩，偌大的项目从来是一人独挑，不愿与人合作，唯恐别人占了他的劳动成果；还有些人，为了争得一两个客户，为了冲刺业绩，使出旁门左道的招数；为了个人业绩，没有人愿意在栽培新人上花时间，却总是乐意对新人呼来喝去……

但事实上，追逐快乐不是自私的理由，更不是拒绝为别人提供方便的借口。成全，本身是一件欢乐的事，因为你的成全送出了自己的善意，成全了别人的快乐也是成全了自己的善良与价值。

德莱塞说过：“如果人想从人生中得到任何快乐，就不能只想到自己，而应为他人着想，因为快乐来自于你为别人、别人为你。”

如果我们真的要像德莱塞所说，想从人生中得到任何快乐，在他人的快乐中让自我的快乐起航，我们就应该立即行动，不要再浪费时间。人生这条道路，我们只能经过一次，如果我们能行任何善事——请让我们现在就做，不要让我们拖延，也不要让我们轻视，因为我们再也不会经过这条路。

杨安谈宽恕

◆爱心，是奇迹的来源。

◆只要还有能力帮助别人，就不应该袖手旁观。

◆快乐是花，而爱是花蜜。

第五章

静心生智，宽恕是解决人生难题束缚的金钥匙

人生难免会遇到难题，常常因此使人产生心理压力，导致情绪低落，厌恶生活。但是，任何的难题在宽恕之心产生的胆识、智慧和勇气面前都显得那么的微不足道。宽恕地解决难题，你战胜的不仅仅是问题本身，更激发了潜能，成功地超越了自己。

人生没有解决不了的难题，只有无法平静的心

生活当中，我们经常会遇到一些难题。这种所谓的“难题”，常常会给人造成心理上的压力，从而导致一个人情绪低落，厌恶生活。这样不仅对问题没有任何帮助，反而会使问题更糟糕。如果心态不好，那你就更不会把问题处理好了。因为，人生本没有解决不了的难题，只有无法平静的心。

人们常说的“一帆风顺”只不过是一句美好的祝愿而已，在工作和生活中坎坷和崎岖总是会有一些的。可我们也绝不能因为怕遇到困难就不敢去做任何事情，这样就阻碍了我们前进的步伐。要知道，困难再多总能找到解决的办法，一千个困难必会有一千零一种解决的方法，方法总是会比困难多！

詹妮芙·帕克小姐是美国大名鼎鼎的女律师。然而她却曾经被自己

的同行——一位老资格的律师马格雷先生愚弄过一次，而恰恰是因为这次经历使得詹妮芙小姐名扬全美。事情是这样的：一位名叫妮可的小姐被美国一家著名汽车公司制造的一辆卡车撞倒，尽管当时司机踩了刹车，但不知怎么回事，卡车却把妮可卷入车下，导致妮可被迫截去了四肢，骨盆也被碾碎。可是在警察调查此案时，妮可小姐却说不清楚自己到底是在冰上滑倒掉入车下的，还是被卡车卷入车下的，因为当时事发突然，她自己也不是很清醒。汽车公司的律师马格雷先生巧妙地利用各种证据，推翻了当时几名目击者的证词，使得妮可因此败诉。

最后，绝望的妮可向詹妮芙·帕克小姐求助。詹妮芙通过调查发现该汽车公司的产品在近5年来发生的15次车祸，原因竟然完全相同。原来该汽车的制动系统有问题，急刹车时车子后部会打转，把受害者卷入车底，她终于弄清楚了事故发生的真正原因。

于是詹妮芙对马格雷说："卡车制动装置有问题，你故意隐瞒了它。我希望汽车公司拿出200万美元赔偿给那位可怜的姑娘，否则，我们将会提出控告。"

而老奸巨猾的马格雷回答道："好吧，不过，我明天要去伦敦，一个星期后回来，届时我们再研究一下，做出适当的安排。"然而一个星期过后，马格雷却没有露面。这时詹妮芙仿佛感到自己上当了，但又不知道哪里上当了。当她的目光扫到了日历上时，詹妮芙恍然大悟——诉讼时效马上到期了！詹妮芙怒冲冲地给马格雷打了电话，得意扬扬的马格雷在电话中放声大笑："小姐，诉讼时效今天就过期了，谁也不能再控告我了！希望你下一次变得聪明些！"

詹妮芙几乎要给气疯了，她问秘书："要多少时间才能准备好这份案卷？"

秘书回答："大约需要三四个小时。现在是下午一点钟，即使我们用最快的速度草拟好文件，找到一家律师事务所，再由他们草拟出一份新文件交到法院，那时间上也来不及了。”

“时间，时间，该死的时间！”詹妮芙在屋中急得团团转，但是这样的举动显然毫无意义。于是，她开始练习深呼吸，让自己平静下来，以使理性的智慧闪耀。突然，在她的脑海中闪现一道灵光：这家汽车公司在美国各地都有分公司，为什么我们不把起诉地点往西移呢？因为隔一个时区就差一个小时啊！

而位于太平洋上的夏威夷在西十区，它与纽约时差整整5个小时！对，就在夏威夷起诉！

就这样，詹妮芙赢得了至关重要的几个小时。最后，她以铁一般的事实，雄辩的口才，发表了催人泪下的辩护，使陪审团的男女成员们都大为感动。陪审团一致裁决：妮可小姐胜诉，汽车公司赔偿妮可小姐各种费用总计达到500万美元。

其实，每个问题都隐藏有解决其自身问题的线索。如果你对问题分析的够深入，你就能很容易找出解决问题的方法。任何疑难问题最好的解决方法只有一种，那就是能真正切合问题的根本，而去求它的实际。并非把问题复杂化就是对问题的重视，这样只能增加心理负担，而起不到任何作用。

因此，当我们遇到了困难时，首先就应该树立这样坚定的信念：人生没有解决不了的难题，只有无法平静的心。遇到难题，悲伤、愤怒、失望等消极情绪都无济于事，把心态调节好，让自己不在冲动中失去理智，平静淡定地思索方法才是正确的出路。

关于面对难题的本能反应，心理学家赛里格曼等人曾经做过下面的实验：

他将狗分为实验组和对照组。把实验组的狗先放进一个设有电击装置的封闭笼子，狗无法逃脱。之后他给狗施加电击，电击让狗痛苦得死去活来。这个时候狗极力想逃出笼子，但是经过努力后发现，根本逃不出去，慢慢地狗挣扎的意愿降低了。

接着他把这些狗放进了另外一个笼子中，这个笼子内也有电击，但不同的是，笼门可以自由打开，狗十分轻松就能出去。实验的结果显示：这些狗除了在接受电击的半分钟内痛苦哀嚎以外，其余的时间都是趴在地上忍受电击的痛苦，根本没有想逃出笼子的意愿。

同时，对照组内的狗则被塞里格曼直接放到了容易逃脱的笼子内，他发现这些狗都能够迅速地逃出笼子，以逃避电击带来的痛苦。

这个实验是心理学上著名的“习得性无助”实验，说明狗在面对了多次痛苦和折磨以后，已经接受了自己无助、没有办法逃离痛苦的事实，就算条件发生了变化，它们也不会再次尝试。这是因为，狗过于关注之前的感觉，痛苦和无助在大脑中留下了深深的烙印。当相似事情发生的时候，它就会与之前的事情相比，在潜意识里认为这次还会产生与之前一样的结果，最终丧失了斗志，陷入绝望当中。

人也会这样，如果在生活中一旦出现了“习得性无助”心理，即使有些事情并没有那么难办，也会由于绝望产生放弃的心理，最终导致失败。因此，面对难题我们不该向它屈服，而是要勇敢地制伏它，不要让它阻碍我们的思想，不要让它成为我们迈向成功的绊脚石。要记住：可能就在我们想放弃的那一秒钟，就是成功降临在我们身上的那一刻，也是我们正要迈向成功的关键时刻，人生没有解决不了的难题，只有无法平静的心！

为了更好地解决人生的难题，我们应做好下面几件事情来调适心理。

1. 正确对待每一个难题

难题在工作和生活中十分常见，比如，一个重要任务没有完成，受到了上司的批评；学习很久的新技能依然不太熟练等。如果没有正确对待，正确引导，听之任之，受到消极心理的影响，十分容易造成不敢再接受重要任务以及学习新技能等后果，这对人的发展是极其不利的，因此就算是遇到了难题也要将之看作积极的事情，这样等到下一次遇到类似事件的时候，才会让自己以平静的心去处理好问题。

2. 把问题简单化

首先，仔细地想清楚问题的重点所在？其次，弄明白对方想要的又是什么样的结果？找出了问题的根本，知道了对方的心理需求，那么解决问题的方法就找到了，正所谓："看人下菜碟"正是这个道理也！

3. 与他人沟通倾诉

还有一个较有效的方法就是与他人（如同事、上司或者朋友）进行沟通和倾诉，获得支持或启示。

人生难免会遇到难题，有的人在难题中寻找幸福；而有的人在难题中甘愿沉沦。这就形成了人生观、价值观、成就感和幸福度的不同。任何的难题在平静的心灵中产生的胆识、智慧和勇气面前都显得那么的微不足道。你为什么不让自己在平静的心境下把所谓的"难题"当作是一种挑战呢？当你用自己的静心智慧，漂亮地拿下这个"难题"的时候，你战胜的不仅仅是问题本身，更激发了潜能，成功的超越了自己。

杨安谈宽恕

◆静心是灵魂的防腐剂。

◆失去了宁静的心灵，你的生活就离开了轨道。

◆静心沉淀生活的滋扰与喧嚣。

你越是关注就越难以找到好的解决方法

我们有一颗鲜活跳动的心脏，那里装着很多的东西，可我们时常取出的不是快乐、幸福、满足和淡然，而是忧愁、烦恼、痛苦和不自在。人生不如意十之八九，痛苦不是没有理由。可是，生活中的很多东西不是我们争取就能得到的。每遇不顺，便要愁上眉梢，人生还有何盼头？烦恼就像乞食的狗，你越在乎，它越跟着你；问题就像强烈的激光，你越是关注就越是头昏目眩，难以找到好的解决方法，倒不如适时转移视线，抛开心中的挂碍，放松自己，这样，我们才会活得自如，也更易因压力的缓解而使自己找到更好的解决方法。

正所谓“天下本无事，庸人自扰之”。过度的关注是一种坏习惯，它会使你紧张不已，扰乱你的正常步伐，困扰你的内心。过度关注，会使过程变得焦虑压抑，而结果也未必就能达到你想要的状态。世上的事往往就是这样，外因是变化的条件，只有内因才起决定作用。一味地对问题紧张，整日愁眉不展、思前想后，结果可能顾此失彼。

人生在世，难免会遇到风风雨雨、沟沟坎坎。这些让人烦恼难休、紧张不已的事情会影响人们的情绪，导致人们失望、痛苦、郁闷、仇恨等。假如久久停留在这些紧张、不快乐的关注中无法走出来，不能摆脱这些灰暗的、负面的情绪，那么，我们的工作、生活、健康都将受到极大的威胁，人生将失去色彩和价值。

通过科学家们的动物实验、临床观察、流行病学调查、生活取证等各种研究，我们已经认识到，人的心理状态不管是对于疾病的产生、发展、治疗、愈后，还是对于保健、护理，都具有不可估量的影响。

因过度关注而产生心理负担，从而诱发疾病的情况在生活中比比皆是，随处可见。考生平时成绩优秀，到了考试时却因过度关注而紧张得发挥不好，成绩下降；有些运动员在重大比赛时常因过度关注而紧张得导致比赛失误；有时在某种突发情境下，人会吓得呆住或说不出话来、大脑空白，这也是因过度关注的紧张而引起的知觉抑制。其他各种过激情绪都可能引发突然疾患甚至是死亡。

国外的医学研究报告指出，在我们每 10 个人当中，就有 6 个人有忧郁症，其发病率高达 60%，而且罹病年龄还有逐渐年轻化的趋势。至于男女的差别比例，女性忧郁症患者几乎为男性的两倍。而每三个忧郁症病人中，就有一人不知道自己得了忧郁症；有 2/3 的人未寻求治疗。国外曾统计，在其他科室求医的病人中，有 20% ~30% 是与忧郁症相关的精神官能症。这些症状的有些原因，就是因为过度关注而不懂、不能有效地平稳情绪、缓减压力。

显然，由过度关注而导致的紧张，不但影响了生活质量与工作能力，对身心健康也构成了一定的威胁。因此，首先要学会适当转移视线、放松心情。视线的转移，心情的放松，可以让紧绷的弦松一松，让急于出鞘的“剑”缓一缓，让鼓满了欲望风帆的船暂时泊在安静的港湾，歇息之后再度出发。

适当转移视线、放松心情就是要有张弛有度的生活态度，使生活节奏有快有慢，合理安排时间、管理好情绪才能真正留出放松的时间。适当转移视线、放松心情不是散漫，不是拖沓，也不是“当一天和尚撞一天钟”式的无所事事，更不是放任自流，不是一味追求个人享受，不是放纵。

适当转移视线、放松心情意味着成熟，意味着超脱，意味着新生。即使曾经取得过辉煌的成就，事业达到过顶峰，也只是代表着过去。而太阳每天都是新的，一切都应当从零开始。如果遇到了难题，遭受了挫折，也应当豁达大度，放平心态，正确对待。过去的已过去，完全没有必要念念不忘、耿耿于怀。真正能够令自己适当转移视线、放松心情的人，一定是自信满满的。做人要充分相信自己，相信自己的努力，相信自己的实力。心结太多，压力太大，会自己打倒自己。不会适当转移视线、放松心情，就不会得到新的生活。

适当转移视线、放松心情如同时而平静，时而汹涌的大海一般。大海时而平静，时而汹涌，但平静或许是为更大的汹涌积蓄着力量，而汹涌抑或是为平静释放能量。如果说波涛汹涌是对平静的一种放松，那么暴风骤雨肆虐过后出奇的宁静同样也是一种必然的放松。虽然形式略微不同，但其根本是一致的。

做到适当转移视线、放松心情首先需要心态的平和。淡泊一些，宽容一点，保有一份与世无争的洒脱心境，忽略职场中的明争暗斗，忽略生活中的痛苦烦恼。尤其工作强度超出负荷时，不如先放一放，散散步，听听音乐，活动一下筋骨，转换一下思维；抑或走出去，徜徉于山水田园之间，享受野草山花的闲趣。调节好心态之后，以新的姿态面对工作，即可精神抖擞，许多问题都可迎刃而解。

其次，是思想的平和。思想的平和是一种境界，其高明之处一定在于那种“泰山崩于前而不改色”的镇定。让严肃冷硬的面孔上绽开微笑，在寒冷肃杀的严冬里燃起一盆温暖的炉火。有处变不惊与履险如夷的气度，一定会使你更富有解决问题的力量。

最后，还应当摒弃一切杂念。心底无私天地宽，私心重，杂念多，必为其所累，为其所苦，为其所缠。

适当转移视线、放松心情，还应当懂得辩证法。塞翁失马，焉知祸福，失败与成功，教训与经验，挫折与收获，总是相辅相成，互相转化的。在一些时候，阿 Q 的精神胜利法未尝不是一个好方法。适当转移视线、放松心情需要辩证地理解是与非、长与短、曲与伸、进与退、上与下、得与失的关系。

适当转移视线、放松心情还要与人为善，宽以待人，多给人以方便和帮助。希望别人善待自己，就要首先善待别人。将心比心，多给予别人一些尊重和理解，则会获得一个温馨的生活环境，心情放松由此有了环境的保证。以宽广的胸怀、宽容的气度，创造宽松的人际环境。大度豁达，能容难容之事，别人便会敬重和倾慕你的人品，从而提升人格魅力。特别是在竞争激烈的社会，宽以待人会使人际关系变得和谐融洽，宽以待人是为人处世、解决问题的一个重要原则。

很多时候，一些事情你越是关注就越难以找到好的解决方法，这时，适当转移视线、放松心情不失为一个极佳的调适方法，这不仅有助于帮你解决问题，还能使你懂得幸福和谐的生活要旨，使你变得更开朗、乐观、上进，发现更多的生活意义。

杨安谈宽恕

◆学会放松，人生轻松。

◆紧张时放松自己，艰难时善待自己，烦恼时安慰自己，开心时祝福自己。

◆命再好也不如心态好。

抓住错误不放手只会让你心力交瘁

生活就像一枚硬币的两面，一面是正确，一面是错误。惠特曼说："当失败不可避免时，失败也是伟大的。"我们的一生也只有三天，一天是过去，一天是现在，而另一天是未来，我们不能为过去的错误而不去享受现在的快乐和美好的未来，我们要做的是放下过去的错误，从现在开始，走向繁花似锦的未来。抓住错误不放手于事无补，反而只会让你心力交瘁。

每个人都希望自己的人生之路一帆风顺，无论是在工作上还是生活中，最好都不要犯任何错误。但是，这个观念只是人们的一相情愿罢了。"人非圣贤，孰能无过。"犯错本来就是难以避免的事情。不过，关键不在于我们犯的错本身，而在于我们犯错之后的反应。犯错并不可怕，可怕的是我们失去直视它的勇气和正确面对它的态度，如果我们仍然紧紧抓住它，而不能正确面对它，往往会在自己的内心种下一粒遗憾、自责和懊悔的种子，这样的话，我们就会生活在烦恼之中，无法自拔。

我们常常听一些人痛苦地说："我永远无法原谅自己。"可是，不原谅又如何？那等于把自己推入了一个永不见底的深渊，从此再也看不到希望和光明。原谅自己，就是让一切的过去都成为过去。过去的种种，不应该成为我们的包袱，而应该成为我们的动力。

如果一个人总是沉浸在过去的错误中懊恼、后悔，那他就会一事无成，后悔终生，这才是人生最不能原谅的错误！如果悔恨过于强烈，就会无法洗心革面，无法看到希望的曙光。不如反过来想一想，错误既然已经犯下了，再惩罚自己有什么用呢？而且你已经为此付出了沉重的代价，为什么还要搭上现在和未来呢？

放下错误是最能振奋精神的一种原谅。如果你能放下错误就等于原谅了自己，就等于承认自己经验有限，这将有助于你的精神成长。

放下错误是一种解放自己的态度，并能帮助我们美丽而平衡地生活，不对自己或他人横加判断或期望。与其让自己或别人做的某件事给你带来无穷痛苦，还不如原谅自己或那个人，从而释放那些不必要的感情包袱。你会感觉轻松很多，从而更加幸福。随着时间的推移，你会发现心里的负担越来越少。

如果不能放下错误，我们便会陷在失败的泥潭里无法自拔；如果不能放下错误，我们便会终日在自责中度过；如果不能放下错误，我们便会失去自信，失去前进的勇气……只有真正从心底里放下错误，才能驱走烦恼，让心情好转。学会放下错误，不是给自己找借口，而是很平静地分析我们过去的错误，从而在错误中得到教训，做到“经一事，长一智”。

吴雅丽进入公司刚刚一年，因为表现优秀而深受领导器重。她也因此更加努力，下决心一定要做出一番成绩。

有一次，领导要她负责一项重要会议的企划案，并且向她透露说：如果这次企划案能赢得客户的认可，她将有可能被调到总公司负责更重要的工作。对于吴雅丽来说，这是个千载难逢的机会。于是。她更加认真、细心地对待这份工作，甚至一连加班一周。

但是，没想到的是，就在会议召开的当天，吴雅丽由于过度紧张和疲惫出现了身体不适，脑子也一片混乱，甚至在走上台的时候都没有带全准备好的资料，以至于发言词不达意，几次中断。会议的结果可想而知，她的提升也自然泡了汤。

会议结束之后，吴雅丽为自己的糟糕表现而不断懊悔，同时也为失去了这么一个好机会而烦恼不已。这件事之后，吴雅丽的工作状态一直不好，甚至又接连出现了几次小失误，这使她对自己更加不满。以前自信开朗、很喜欢这份工作的她，现在忽然开始怀疑自己的能力，觉得自己不适合这个工作了，不然为什么老是在关键时刻出错呢？

于是，她开始惩罚自己：要么不吃饭，要么不睡觉。这样折腾的结果就是她的精神越来越差，工作效率也越来越低。三个月后，她的情绪虽然逐渐稳定了下来，但还是不能原谅自己。最后，她竟然向公司递交了辞呈。

哲学家汉纳克·阿里德曾经说过：“堵住痛苦回忆激流的唯一办法就是宽恕。”宽恕其实就是放下错误。放下别人的错误，就不会斤斤计较；放下自己的错误，就不会耿耿于怀。有些人可以很痛快地原谅别人，却总是在犯了错误之后迟迟不能原谅自己，甚至为已经成为历史的错误耿耿于怀，从而影响到现在乃至未来的心情。其实，一味地憎恨过去只会给自己现在的生活带来沉重的压力和没有必要的烦恼，也不利于自己改正错误，更不利于自己拥抱美好的新生活。

过去的事情，无论是正确还是错误，我们只能缅怀和追忆，伤感再多也是无济于事。既然是无法改变的，为何还要这样左牵右绊，不肯放下呢？我们只能接受不可改变的事实，然后进行自我调整，抗拒是没有用的，不但可能毁了自己的生活，而且还会使自己精神崩溃。牛奶被打翻，不可能重新装回杯中。任你后悔，任你哀叹，任你捶胸顿足、呼天喊地，任你三天不吃饭、五天不睡觉，也不会改变这个已经板上钉钉的事实。

过去的已经过去，历史就如“黄河之水天上来，奔流到海不复回”，不能重新开始，不能从头改写。为过去哀伤，为过去遗憾，除了劳心费神，分散精力，没有一点益处。分析眼前的情况并寻求解决的办法才是最重要的。

莎士比亚说："聪明人永远不会坐在那里为他们的损失而哀叹，却能尽力寻找办法来弥补他们的损失。"不为无法改变的事痛惜和后悔，更不去哀叹和忧伤，是古今中外聪明人共有的生存智慧。只有这样，才能走出失败的困扰，才能从错误里走出来，才能以后不再犯同样的错误，才能最终创造出一片新天地。

其实犯错误本身并不可怕，可怕的是我们失去了直视它的勇气，更可怕的是我们抓住错误不放手而导致从此失去做事的心情，以至于赔上了现在和未来。所以，切莫再抓住过去的伤疤不肯放手，赶快从自怨自艾的泥潭中跳出来，朝气蓬勃地投入到新的生活和事业中去吧！

在面对过去的错误时，只要有了敢于直面人生的态度和严于解剖自己的优秀品格，有了敢于承担责任的勇气，经常审视自己的心灵，淡看成败，以乐观、坦诚、平常的心，积极地看待未来，对天地怀有敬畏之心，以感恩的心态对待一切，就一定能够创造自己更加丰富多彩的人生。

杨安谈宽恕

◆一个人从错误中醒来，就会以全新的力量走向真理。

◆错误常常是正确的先导。

◆放下小错，可防大过。

别把以前的失败当成一回事，适时学会遗忘

你是否遇见过这样的人，不断地重复从前的某些失败的事情，每次

陈述都像是第一次在讲，而从不在意听者的感受，他们被自己从前的失败折磨，不断抱怨，不断责备，总感到无法得到宽恕。其实生活中有很多这样的人，将自己的幸福维系在从前，生活在回忆中，心被禁锢在过往的某个关键点上，心灵停止成长。那种情形就像是一个人在倒着走路，眼睛直直地望着从前，根本无心欣赏周围的风景，只见幸福越来越远，自己却浑浑噩噩地过着痛苦的日子。

心理学中有很多理论是探讨从前经历对人的影响的，其中最为著名的莫过于潜意识之说，它假定所有事情都不曾被忘记，无关轻重的或者过于痛苦的事情只是被压抑到意识之下，也就是说从前的事情虽然在时间维度上从前了，但是它却一直存活于你的潜意识中，只要一有机会，人就会被潜意识的情结控制，发展出许多不合理的信念，碰到相关事情时就会不由自主地生气或激动。比如某人小时候有被同伴忽略和排斥的经历，长大后就会认为自己不够可爱，为了让别人能爱自己，他可能会发展出一味顺从、讨好他人的倾向，碰上冲突的情境，不由自主就会采取逃避的措施，这种行为本身又加强了这种无意识的行为模式。所以心理咨询和治疗的目的是将潜意识内容意识化，当潜意识的创伤内容为意识所了解，那它就不能再给我们套上枷锁。许多灵修的导师也是在教导人们要摆脱“无明”之苦，与潜意识之说有异曲同工之妙，佛陀曾说过：“一棵根深蒂固的树，即使被砍伐了，仍会生出新芽；如果贪嗔的积习未被根除，痛苦就会一再地出现。”

有人参加精神分析的长程治疗，一分析就是几十年，几十年的时间，也许从前所有的事情都被翻了个遍，但是还是会有人放不下从前的失败。其实“从前”并不是问题，问题是对从前失败的固执，反复地喃喃自语从前失败的事情，不断分析从前的经历，这本身也许就是固执、偏激的表现。

因为，人的一生像是一次长途跋涉，不停地行走，沿途会看到各种各样的风景，历经许许多多的坎坷，失败自然在所难免，如果把走过的、看过的都牢记在心上，就会给自己增加很多额外的负担，阅历越丰富，压力就越大，不如一路走一路遗忘，永远保持轻装上阵。无论从前曾经遭遇过多少失败的事情，都已经成为历史。作为已经翻过的一页，我们何必要花费精力去自责，去悔恨呢？别把以前的失败当成一回事，适时学会遗忘是把握好今天，为了明天而准备的最佳方式。

适时学会遗忘是一种心理平衡，需要坦然、真诚地面对生活。有些人能够遗忘失意时的尴尬和窘迫，却对顺境时的得意津津乐道，岂不知成功和失败一样会留在过去。殊不知，总是沉湎于过去不能释怀，拿明日黄花当眼前美景，让过眼烟云在心头永留，沾沾自喜，自鸣得意，陷自己于虚妄之中，便会不思进取，裹足不前。为鸡毛蒜皮斤斤计较，为陈糠烂谷耿耿于怀，只怕心灵之船不堪重负，记忆之舟承载不下，会让痛苦的过去牵制住未来。

适时学会遗忘，对痛苦是一种解脱，对疲惫是一种宽慰，对自我是一种升华。在人生的旅途中，如果把一切成败得失都牢记心中，让那些伤心事、烦恼事永远萦绕于脑际，在心中烙下永不褪色的印记，那就等于背上了沉重的包袱，无形的枷锁，就会活得很苦很累，以致精神萎靡，心力交瘁，生命之舟就会无所依存，就会在茫茫的大海中迷航，甚至有倾覆的危险。如果我们别把以前的成败当成一回事，适时学会遗忘，那就会给我们带来心境的愉快和精神的轻松。正如陶铸所说：“往事如烟俱忘却，心底无私天地宽。”

一天，一位得道高僧在休息前吩咐他的小弟子去给佛祖点上香，这个粗手粗脚的小和尚不小心把香炉打翻了，香灰撒了一地，刚刚插好的香火也断了，差点儿燃着了整个祭堂。小和尚知道自己闯了大祸，偷偷地躲了起来。

第二日，高僧找不到小和尚，便亲自来到祭堂探究原因，得知了事情的真相后，他稍微有些生气，但是很快就平息了下来。他派人去把躲藏起来的小和尚叫来。小和尚因为害怕，哭了一夜，眼睛肿肿的，心想这次肯定被重罚。高僧看了一眼小和尚：“你耽误了今天的晨课。知道吗?”小和尚抬起头，很不解地望向高僧，然后低头主动认错：“师父，我错了。我昨晚打翻了香炉，你不生气吗？为何今日不责罚我，反而仅仅怪我耽误了晨课呢?”高僧语重心长地说：“昨天你犯的错误，我是很生气，可是事情已经过去了，再来追究谁的责任已无益处。昨天香灰已撒，香火已断已经是无法挽回的事情了，唯一可以做的便是今天马上换上新的香灰，重新点上香火，再把今日的晨课补回来。如果因为昨天的失误，把今天的光阴也赔进去的话，那才是不可饶恕的。你明白了吗?”小和尚恍然大悟。

或许我们每一个人都曾经扮演过这个小和尚的角色，我们为了昨天的失败而哭泣，甚至放弃了今日应该做的事情。明日再为今日的放弃而哭泣，日日相仿，人生就这样丢失了它的意义。当昨天的事情我们已经无力改变，那么就应该别把以前的失败当成一回事，适时地学会遗忘，把握好今天。只有这样，适时地学会遗忘，才能活出生命的质量，才能活出属于自己的优雅和精彩。

IBM 的创始人汤姆·华特生鼓励他的副手们去创新和开发新产品。他的一位年轻的副手开发出了一种新产品，但是带来的却是一千万美元的损失。华特生传唤他到办公室来讨论这次失败，这位年轻人来的时候，顺便把他的辞职信递给了华特生。华特生非常愤怒地说道：“你想退出？这意味着什么？我们仅仅是花了一千万买了一次受教育的痛苦经历！可我却想等待着你下一步的行动。”允许自己和下属犯错误，并积极地改正错误，华特生最后终于把IBM变成了拥有几十亿美元的国际企业，甚至超过了他父亲的最大梦想。

人生在世，不可能永远风平浪静。在现实的大海中航行，如果因为昨天的风暴，而放弃今天的航线，恐怕那些人生的新大陆永远也不会被发现。成功人士亦是如此，翻阅那些伟人的传奇史，几乎每一个成长阶段都有一些伤口。所以，不要沉浸在以前的失败中，不要让自己陷入失败的沼泽。

生命是一叶扁舟，在茫茫的大海中载不动太多的愁苦和烦闷，及时地把这些负荷卸掉、遗忘掉，你才能走出失败的阴影，走出痛苦的深渊，重新认识自己；才能走过单纯、幼稚的昨天，走向成熟、自信的明天，更加轻松地“直挂云帆济沧海”。

杨安谈宽恕

◆只有遗忘过去的失败，才能治愈心理的伤痕。

◆学会遗忘的人，会觉得世界里春意盎然，到处充满温暖。

◆一旦能容纳自己的失败，就会变得比失败更强大。

“我必须怎样”有时是导致失败的潜台词

人生在世，不如意事十有八九，学业无成，恋爱失意，事业受挫，家庭变故，经济拮据，人际是非以及命运无常，等等，都会给人带来忧愁或沮丧，尤其现代社会的快节奏，竞争激烈，人心浮躁，以致有人感叹身心苦累。这时，请你一定要放过自己，不要追求完美，要求自己“我必须怎样”，因为，这句话有时就是导致失败的潜台词。

在世界上，十全十美的东西是不存在的。完美只能是一种憧憬，一种向往。其实，很多时候，我们追求的所谓完美，只是一个美丽的错觉。生活里，可以找到美好的花朵，但无法找到无缺的美丽。当我们抛开完美的追求，或许就会赢得朴实而永久的幸福；当我们微笑着打开窗户，我们会发现，一切完美，就如墙角那株小草，那么真实、平静、纯洁。

一位未婚的先生来到一家婚姻介绍所，进入大门后，迎面见到两扇门。一扇门上写着：美丽的；另一扇门上写着：不太美丽的。于是他推开“美丽的”大门，迎面又见到两扇门。一扇门上写着：年轻的；另一扇门上写着：不太年轻的。他推开“年轻的”门，迎面又见到两扇门。一扇门上写着：善良温柔的；另一扇门上写着：不太善良温柔的。他推开“善良温柔的”门，又见到两扇门。一扇门上写着：有钱的；另一扇门上写着：不太有钱的。他推开了“有钱的”门……

就这样一路走下去，他先后推开过美丽的、年轻的、善良温柔的、有钱的、忠诚的、勤劳的、文化程度高的、健康的、具有幽默感的九道门，他始终没有停下脚步，因为他希望自己必须要找到一个理想中的完美对象。当他推开最后一道门时，只见门上写着一行字：你追求得过于完美了，这里已经没有再完美的了，请你到大街上找吧。原来他已经走到了婚姻介绍所的出口。

读了这个故事后，不要以为它只是讲婚姻，其实更是在讲一个人的追求。现实生活中，我们很多人都过分地追求“我必须怎样”，以至于有时候会导致失败。因为，世上本来就没有完美无缺的人和事。“金无足赤，人无完人”。如果我们陷入必须的误区，将会错失良机，失去友情、爱情，失去快乐、幸福，失去自我。

西方有这样两句格言：“我坚持我的不完美，它是我生命的真实本质。”“热爱自己是终生浪漫的开端。”它告诉人们不要总是在不断的比较中苛求自己，要求自己“我必须怎样”。要知道，这种事事都要追求完美，都要拼命做好的想法，会使你自己陷入瘫痪。不要让“我必须怎样”的尽善尽美主义妨碍你参加愉快的活动，而仅仅成为一个旁观者。你可以试着将“我必须怎样”改成“我尽力怎样”。

有些人总是不停地苛责自己，原因就是他们始终怀有“我必须怎样”的完美主义心态，在潜意识里一直不懈地追求着完美。人们怀有完美主义的心态，追求尽善尽美是无可厚非、理所当然的事，但是这种对完美的追求也是一个沉重的包袱，在现代社会的多方面压力下，它让完美主义者看到自己对现实的无能为力，从而变得急躁、自卑甚至急功近利。

有句谚语说得好：“世上没有不生杂草的花园。”阿拉伯人说得风趣：“月亮的脸上也是有雀斑的。”世界上没有绝对完美的事物，也没有一个绝对完美的人，所谓的完美，在很大程度上不过是一些虚幻的想象而已。比如，就人的外表美来说，究竟高大是美还是纤巧为美？大眼睛美还是丹凤眼美？嘴大美还是嘴小美？丰满美还是苗条美？这很难说得清楚。

生活中不存在完美，任何的美都是相对的。维纳斯是美的，她的断臂使她的美成为残缺的美，可谁又能说她不美呢？上帝总是公平的，为你关上一扇门的同时，也会为你打开另一扇窗。所以，我们应该接受生活中的缺憾，而不要追求“我必须怎样”来自寻痛苦和烦恼。否则，只会常常束缚自己，使“我必须怎样”成为导致失败的潜台词。

那么我们如何才能摆脱“我必须怎样”的完美主义情结呢？以下四条建议可以帮助我们去除这种观念：

一是不要试图迈出一大步都不出错，只要能进行下去就行。不要一天去写一本书，写一页就行。不要一下去制作整个报告的幻灯展示，制作一张幻灯片就好。不要期望在最初六个月就能成为一名出色的经理，只要努力设定好期待值就够了。选择一个可控的小目标去完成，然后再去追求下一个目标。这会赋予你经常取得成功的机会，从而帮助你建立自信。如果你的每一个目标都能在一天甚至更短的时间里实现，那就有更多成功的机会。

二是做你自己认为对的，而非其他人认为对的。做一个足够好的父母，做一名足够好的员工，做一位足够好的作者，这能让你不断前进。因为到最终，完美的关键不在于做对事情，而在于经常去做。如果你经常做了，那么，最后你将会做对。但需要注意的是，不要处处争第一。但丁说：“尽心就是完美。”因此，你一定要正确处理好努力与争第一的辩证关系，及时缓解争第一的心理压力，自己只要尽心努力就够了，不一定非要时时去争第一。

三是放弃无谓的劳碌。生活是一门艺术，我们一定要善于选择。一个行囊，如果已经装得太满，就会很沉、很重、很累。我们的生命背负不了太重的行囊，不要拖着疲惫的身躯走在漫漫人生路上。面对太重的行囊的一种清醒的选择，就是果断放弃。只有这样，生命才会轻装上阵，一路高歌；只有学会放弃才会走出烦恼的困扰，生活才会绚丽、富有朝气。

四是对旁人期望不要过高。上司期望下属积极上进，妻子盼望丈夫飞黄腾达，父母希望儿女成龙成凤，这似乎是人之常情。然而，当对方不能满足自己的期望时，便大失所望。其实，每个人都有自己的道路，何必要求别人迎合自己。

此外，要明智地选择有益的反馈。批评性的反馈只要是出于关心和支持，就是有益的。但是，如果给你反馈的那个人出于嫉妒、不安全感、傲慢无礼，或是对你一无所知，那就不要理会。

做到这些是一个良好的开始。但不要为能否完美地遵从这些建议而担心，只要足够好就可以了。

古语云："水至清则无鱼，人至察则无徒。"完美就是一处景致，一旦随意践踏就会残缺，完美就如春天娇艳的花朵，终会凋零枯萎。不要追求"我必须怎样"，这其实有时是导致失败的潜台词，是一种伤害。

在做任何一件事时，只要我们抱着"没有最好，但有更好"的态度，用心去做事，并在原来的基础上有所进步，就值得我们满足和高兴。对于那些缺憾，我们把它当作教训，引以为戒，并以此来激发下一步的行动，完全不必把它放在心上。如此，我们反而更能正确地协调自我，完全地掌握自我，你的心田也会一直迸发清爽积极的力量，你自然气平神清，幸福无限。

杨安谈宽恕

◆懂得放下，才能有更美好的未来。

◆先要懂得接纳人生的遗憾，才能升华人生的境界。

◆快乐有三个方法：舍得、放下、忘记。

关注结果不如关注过程

生活中，人们往往注重结果而忽视过程。其实，世间的许多事情，其结果固然重要，但是，如何做事的过程更加重要。过程与结果之间，有着必然的因果关系。有什么样的过程，就会有什么样的结果，一切事物都是过程演绎的结果。而结果如何，又反馈着过程运行的正确或失误。人生重要的是关注过程，对结果要顺其自然。

大自然中，万物生长，春华秋实。期望在希望的田野上收获果实，必须先得有播种、灌溉、除草、施肥、收割等一系列勤勤恳恳的劳动过程。“做事总得一步一步来，不可能不经过耕耘就有收获”。过程的快乐与意义，往往大于结果，凡是经历了过程的人，面对结果，都会永远难忘地回味着过程。

德国作家莱辛说过：“我重视寻求真理，甚于重视真理本身。”人的一生确应如此，“一个人从一生下来到死去，这中间的过程，就叫幸福”。欢乐与忧愁、追求与沉沦、得志与失意、和谐与冲突……林林总总地构成过程。生命中一次次的摔跤、爬坡、攀缘、创造、超越，使人生的每一个环节都充盈着盎然生机。如果我们在每天都必须面对的人生过程中，不断地完善自己，励志奋进，平淡如行云，质朴似流水，就会有一个理想的结果。

因此，我们应该关注过程甚于关注结果。若我们只重结果，我们就会把结果看得太高，于是我们便成了结果的仆人。我们便会不顾一切，不惜采取一切可能的措施，甚至动用一切虚伪的、残酷的手段；如此一来，我们纵然抓住了结果，但我们却会失去更多的东西。所以说，只重结果、只追求结果是可怕的。

试想，即便是有好结果，也是在漫漫长夜中熬过后才等到的。有的人一生中目标少得几乎只有一个。那么，这就给那些只等待结果，只享受结果的人带来了难度，在几十年的风雨历程中，他们只是在等待最终的结果到来，而那个结果却并不那么容易达成，于是，他们只得等，继续等。人生苦短，很快便等到白了少年头。到那时，才翻然醒悟，原来只关注结果是在空耗过程，是在浪费生命。

传说古希腊哲学家苏格拉底和克拉苏，曾经相约去寻访一座仙山。他们从不同的方向出发，许多年以后，两人相遇了。这时他们才发现，那座仙山太遥远，就是走一辈子，也不可能到达。克拉苏颓丧地说："我这些年风餐露宿，坎坷尝尽，结果什么都没有看到，太叫人伤心了。"苏格拉底掸了掸长袍上的灰尘说："这一路有许许多多的风景，难道你一点都没有注意吗？"

克拉苏追求的，只是到达的结果，收获的是抱怨与失望；而苏格拉底更为重视过程中的阅历，收获的是充实与坦然。的确，在人生过程中，一个人只要用聪慧的心智去体验，即使随便驻足远眺，也能"一花看尽世界，一叶知尽菩提"，在宜人的景色中愉悦身心。人生的价值不在于结果是什么，而是整个过程中的充实、成长与积极向上。

有很多人都在抱怨生活太枯燥，人生没有完美的结果，不快乐的人们为了一个"能给自己带来快乐"的目标终日奋斗，他们不时发出迷惘的声音——人生的快乐在哪儿呢？有的人认为拥有财富就是快乐，有的人认为功成名就才是快乐，也有的人认为获得无比幸福的爱情就是快乐……然而，当我们得到了我们梦寐以求的结果时并没有我们预期的那么快乐。

他们为什么难以发现生活的快乐？原因何在？一位哲人一语道出了其中的缘由："有些人执着于目的地，总是忽视路边美丽的风景。世界上只有少数乐观者懂得享受过程，大多数人只看重结果，而事实上，过程比结果重要得多。"

其实，人生的快乐并不仅仅是获得成功后的那种喜悦，更多地在于从枯燥的生活过程中去探索和创造生命的价值和意义，感受过程中的快乐。

那些真正成功的人士，并不是成功了才感觉到快乐，他们对过程的关注就是一种快乐。这样他们并没有很大的心理压力，即使不能成功，他们也快乐了。追寻快乐与追寻成功并不是一对矛盾体，而是统一的。你也只有将它们统一起来，才可能幸福，也才更有可能成功。就像斯宾塞所说，以快乐为目的，必然会使达到这一目的的手段也具有快乐的性质。也就是说，以成功为快乐的话，那么追寻成功的过程也是快乐的。

但有人会提出反对意见：治好病是快乐的，但治病的过程要打针、吃药却是痛苦的。还有母亲诞生小孩是快乐的，但怀孕和诞生的过程却是痛苦的。事实上，成功的过程并不能类比于打针、吃药，因为成功并不能看成是治病，成功是一个人对自己不断地充实、发展、完善。如果一定要类比的话，成功就好比身体长强壮，而成功的过程就是要吃饭、吃菜，补充各种营养，这甚至是一件比身体长强壮了还快乐的事。成功虽然有些像诞生小孩，也是创造出了一种新的东西，但在这个过程中也像孕妇一样，有着精神上的无比愉悦，却没有孕妇生理上的痛苦。

因此，不要把关注过程当成是吃苦，很多事实都证明，抱有这种观念去追求成功结果的人，极少有能够真正取得成功的。成功的结果固然快乐，但享受和关注过程才是快乐的来源，才是结果的基础，关注过程才能让我们快乐的唱着歌行进在成功大道上，实现生命的价值。

流星，带着一身光彩划破夜空，留下灿烂的一笔；昙花，着华服在夜间悄然绽放，谱写艳丽的瞬间。流星、昙花，它们的生命何其短暂，然而因为那绚烂的过程，它们的生命被定格成了永恒。

人的一生，就像流星、昙花一样，如果只是一味朝前走，任过往风景在身边飞逝，那么，纵使坐拥天下，也注定只留下“高处不胜寒”

的悲哀。人一生最美的是在走的过程，享受的过程，而不是只朝前赶、终达目标的那一瞬间。

南北朝时，有个僧侣问觉明禅师，什么是禅的精髓？禅师回答说："照顾脚下。"脚下，就是人一生中一步一步经历的过程。"春潮湖上风兼雨，世事如花落又开。退省闭门真乐处，闲云终日去还来"。在人生的道路上，我们要做的是："从从容容地迈步，勤勤恳恳地耕耘，安安然然地收获"。

美国哲学家罗莎琳·德卡斯奥说："所有的过程都是美妙的。"在生活中，旧的结果总会被新的结果所代替，一个光环总会在另一个更大的光环下失去光彩，而那些到达结果的过程所赋予我们的坚忍、勇敢以及一切磨砺，却能一生与我们相随，并在我们身上不断深化、升华，帮助我们获得人生一次又一次的突破。只有那些过程所带给我们的，才是值得我们享用一生的财富。当我们关注生命的过程，一路向前，不为路途上的成功和失败而情绪辗转时，才算不辜负百年人生，才能最终给人生一个满意的答卷。

杨安谈宽恕

◆过程才是真实的人生之路。

◆没有过程，就没有结果。

◆甘美的果实来自丰满的过程。

切记，平心静气智慧自然生

自古以来，在平心静气方面，儒、道、佛三家都很重视。

《金刚经》中有言：“无念无得。”慧能指出：“此法门中，坐禅元（原）不著心，亦不著净。”为什么呢？因为“凡人性本净，由妄念故，盖覆真如，但无妄想，性自清静”。

孔子言：“仁者静。”老子说的“静”就更多了，如：“归根曰静，是曰复命，复命曰常，知常曰明，不知常妄作，凶。”（回复到本源，就叫作清静。清静就是恢复本性，恢复本性就叫自然，认识自然叫明。不认识自然，就会轻举妄动，招来灾祸。）“静为躁君……躁则失君。”（静是躁动的主宰……妄动会失去主宰的地位。）“清静可以为天下正。”（清静可以成为天下的统御者。）“致虚极，守静笃。”（努力追求虚寂，保持清静沉实。）

平心静气是一种境界，遇事冷静，品性淡然，且会经营心情，又能与人和睦相处，会让别人不自觉地信赖；平心静气是一种内在的力量，用得好时，能让你时刻都那么从容、达观地笑对生活。懂得平心静气，在困苦面前难不倒，在荣耀面前夸不倒，在诱惑面前诱不倒，如此，便能一如既往地保持着那种得意而不忘形、失意而不委靡的精神，不断挑战自我，超越自我。无论何时，不要忘记，平心静气智慧自然生。

在日常生活中，我们如果能够处处保持平心静气，不但可以以意静守窍，把握身体气血运动的全面平衡，以达到养心健身的功效，而且还能全面、仔细地考虑问题，有助于处理好周围的一切事情。所以平心静气不仅可以修身养性，还是调节人精、气、神的法宝。

人都有欲望，而且能将其繁衍得无穷无尽。这时候人只有平心静气，才可免遭焦虑、烦恼、怨恨之苦。人无静则陷于迷茫，陷于迷茫的人，则遇事不清，辩理不明，容易把自己的生活搞糟，让周围的人感到一种危险，一种不适应、不舒服。有的时候，平心静气就是为了力戒虚妄、力戒焦虑、力戒急躁、力戒脱离客观实际，明明白白地做一些对自己、对家庭、对社会都有益的事情。人如果能做到心清意静，就可以感觉到一般人感觉不到的东西，考虑到一般人考虑不周的问题。老子的清静无为即是说：清静能识根源。佛门之祖释迦牟尼主张“应生清静心”即“心静才能感觉到真实的东西”。做人只有平心静气地体会明白了，才能使自己脱离开世间的烦恼，完善和超越自己。

某人在家中遗失了一只名贵手表，内心十分焦急，遂请亲朋好友帮忙寻找。

于是，众人七手八脚地忙活起来，但凡家中的瓶瓶罐罐、箱箱柜柜都翻了个遍，依旧毫无所获。最后，众人都累得气喘吁吁，只好稍作休息。手表主人感到非常沮丧，这时一位年轻人自告奋勇，要独自再去寻找。

他要求众人在房外等候，独自走进了房间，却坐在床上一动不动。

众人感到非常诧异——他不是要找手表吗，怎么一直不见他有所行动？所以大家也都静静地看着这位年轻人，想知道他葫芦里究竟卖的是什么药。

过了片刻，年轻人突然起身钻入床下，出来时手中拎着一只手表。

大家又喜又惊，纷纷问他：“你怎么会知道手表在床下呢？”

年轻人莞尔而笑：“当心静下来时，就可以听到手表的滴答声，自然便知道它在哪儿了。”

印度著名诗人泰戈尔曾经说过：“给鸟儿的翅膀缚上金子，它就再也不能直冲云霄了。”这个纷纷扰扰的大千世界处处充斥着诱惑，一个不留神，就会在我们心中激起波澜，致使原来纯净、澄清、宁静的心灵泛起喧哗和浮躁，我们就会在人生的道路上迷失方向。正所谓“心宁则智生，智生则事成”，平心静气，心无杂念才是我们成功的关键所在。

平心静气能使人耐得住寂寞。要想干成一番事业，往往需要几年、十几年甚至几十年的艰苦努力和埋头苦干。如果没有宁静的心境，就会耐不住寂寞，坐不得冷板凳，不愿付出艰苦的努力，心浮气躁，总想走捷径，甚至投机取巧，这种人是绝对干不成事业的。

平心静气能使人守得住清贫。“静以修身，俭以养德。”大千世界，物欲横流。面对金钱和物质的诱惑，有的人心境宁静，安贫乐道，不为金钱所动；而有的人则缺乏宁静的心境，守不住清贫，在花花世界里往往心理失衡，丢失自我，一失足而成千古恨。

平心静气能使人冷静处事，心平气和地化解一切矛盾。人生道路上总会遇到许多不如意的事，是心平气和地去化解，还是怒火冲天地去对待，这取决于一个人的心境是否宁静。有的人心境宁静，愠而不怒，冷静处事，往往化干戈为玉帛；而有的人缺乏宁静的心境，往往“怒而兴师”，结果使矛盾激化，导致失败。

三国传奇人物诸葛亮在54岁时写下了《诫子书》，他在书中告诫自己8岁的儿子诸葛瞻：“学须静也，才须学也。非学无以广才，非静无以成学。”在诸葛亮看来，心不静则必然理不清，理不清则必然事不明，人一旦心乱，就会失去理智，陷入迷茫。相反，人心若能进入平心静气的境界，就会豁然开朗，人生便多了一些祥和，少了一些纷争；多了一些福事，少了一些灾祸。诸葛亮还教育孩子说：“非淡泊无以明智，非宁静无以致远。”就是让他们拥有一个淡泊宁静的心态，这和老子的理论不谋而合。有大智慧的诸葛亮的这种不争、退守、收心敛性，其实是以退为进，以让为攻。极简、极淡、平湖秋月、恬淡素泊、处变不惊、修身养性是心灵的补品，不亚于人参燕窝。

那究竟怎样才能做到凡事平心静气呢？

1. 学会将心比心

很多时候我们往往对别人的行为或观点不能理解，认为他们对你造成了一定的伤害，你就很难再心平气和，其实你不妨换个角度，站在他们的角度思考，这样一来，你就很容易理解对方的所作所为，平息自己心中的怒火了。

2. 学会宽容和容忍

存有宽容之心的人能够把所有委屈和痛苦看得很淡，觉得全身轻松。而存有愤怒和报复之心的人，很容易把仇恨加在所有人身上，这样的人在多数情况下无法做到客观地看待问题，也永远感觉不到他人给予的温暖。“退一步海阔天空”，如果能以宽容之心待人，生活将变得更加美好。

3. 学会自我调解

遇到让自己不能平静的事情时还可以做一些自我调节，学学“阿Q精神”，因为幽默可以帮你有效摆脱愤怒的情绪。

平心静气，是一种思考，一种素质，一种悟性，也是人生成功的必要前提。当你凡事能够平心静气，心灵就会遇惊不惊，遇怒不怒，受荣不荣，受辱不辱；人生就不会有什么过不去的火焰山，而会有更多静趣，更少纷争，更多祥和，更少灾祸，会产生说不尽的美妙与智慧，自然如意，如意自然。

杨安谈宽恕

◆如果我们静心，唤醒内在的真我意识，我们会知道自己的伟大。

◆平心才能绣得花，静气才能织得麻。

◆守住宁静之种，开出锦绣之花。

第六章

历心炼性，宽恕是自我性情与内在品质的修炼

古今中外几乎所有的大成者，都是凭借自我性情与内在品质的修炼获取成功的。自我性情与内在品质的修炼可以为你创造生存的空间、成功的沃土，更可以使你成为品德高尚的人。无论何时，我们都应记住：自我性情与内在品质的修炼，是成为参天大树的基础。

从本性“难”移到本性“能”移

“世上没有两片相同的树叶。”确实，遍观众生，有人孤僻高傲，却怀才不遇；有人锋芒毕露，却挫折不断；有人大智若愚，却青云直上；有人刻意求全，却求而不得。是什么原因造成了人们的这种区别呢？

这一切都与一个人的性格有关。性格决定命运。良好的性格是你这辈子事业取得成功的保证。

20世纪30年代初，有个心理学家开始研究天才儿童的成长规律。他用智力测验的方法，选出3～19岁的儿童、青少年共1678名，他们智商平均达155分，堪称天才人物。之后，对这些天才的儿童和青少年进行追踪研究。1978年，研究报告终于完成：这些天才都具有良好的素质，受过优越的教育，从事专业性工作的比例比普通人高出数倍。但这些天才们成年后，由于性格等非智力因素发展一般，在他们当中，没有出现一个像牛顿、达尔文那样的科学家，也没出现一个像马克·吐温那样的文学家。

可见，一个人的性格对他的一辈子确实会有极大的影响。良好的性格是成功的催化剂，不良的性格只能是成功的绊脚石。

人生的悲剧归根结底是性格的悲剧。《三国演义》里的关羽，过五关，斩六将，英勇无敌，但因性格刚愎自用，终于败走麦城而死。俄国作家果戈理长篇小说《死魂灵》里的泼留希金，他的家财堆积得腐烂发霉，贪婪、吝啬的性格促使他每天上街拾破烂，过乞丐般的生活。在现实生活里，性格的悲剧更是屡见不鲜。青年诗人顾城制造的惨绝人寰的悲剧，就是一个典型的例子。他杀害妻子后自戕，就是因性格孤僻，心地狭猛，而最后发展到畸变、扭曲、精神崩溃。

性格与人的健康关系十分密切。《红楼梦》里才貌双全的林黛玉，就是因其性格多愁善感，忧郁猜疑，终于积郁成疾，呕血而死。《三国演义》里的周瑜是东吴的大都督，人们说他是活活被诸葛亮给气死的。话说回来，如果身经百战的周瑜具有良好的性格，诸葛亮就是有天大的本事也气不死他。现代医学证实，那些抑郁症和精神分裂症患者，大多是性格孤僻，不适应社会生活所致；有些高血压、心脏病患者与性格暴躁、易于动怒有关。

不良的性格能给人带来悲剧，良好的性格必然能给人带来人生的辉煌。

当代杰出的女作家冰心，一生淡泊名利，生活崇尚简朴，不奢求过高的物质享受。文坛上无谓的斗争，与她无关，她在平和的环境中与人相处，在微笑中勤奋写作。她的健康长寿，事业辉煌都得益于开朗、豁达的性格。

苏格拉底是一位具有良好性格的伟大哲人，他的妻子心胸狭窄，整天唠叨不休，动辄破口骂人。一次，她大发雷霆后，又向苏格拉底头上泼了一盆冷水，苏格拉底满不在乎地说：“雷鸣之后，免不了一场大雨。”试想，要是遇上别人，不被这位恶妇气死，也会患上精神分裂症。苏格拉底为什么要娶这样的恶婆？据说，他是为了净化自己的精神，磨炼自己豁达大度的性格。当然，这也可能只是后人的臆测。

既然不良的性格能给人带来悲剧，我们就应该将之改变。问题是，性格真的是可以改变的吗？

有人说：“江山易改，禀性难移。”可见性格的顽固。但这话其实只说对了一半。人的性格并不是天生的，它是先天和后天互相作用的“合金”，特别是后天生活条件对性格的形成具有决定性的作用。因此，性格是可以改变的，可以培养、塑造的。性格既非一朝一夕形成，改变性格也不是那么容易。所谓“性难移”，说明了一个难字，并不是说不能移。

为什么呢？相信看了以下几个概念后你就会明白了。

先看性格与气质。性格是个人对客观现实稳定的态度及与之相适应的习惯性的行为方式，性格是个性特征的核心。性格分型有多种方法，按心理倾向性可分为内向、外向和中间三种类型；按行为类型可分为 A 型行为性格、B 型行为性格，近年来又出现了 C 型行为性格和 D 型行为性格，等等。气质是人的高级神经活动类型特点在行为方式上的表现，是人心理活动的动力特征，它是心理活动或行为的外部特征，即强度、速度、稳定性、灵活性等。气质是天赋的，可塑性小、变化慢，它使每个人的心理活动都带有个人的色彩。有人将气质按血型分为 A 型、B 型、C 型和 AB 型，还有人将气质分为多血质、黏液质、胆汁质和抑郁质四种。气质与性格相互联系、相互影响，气质是性格形成的基础，性格可掩盖和改造气质。气质主要是先天的，受个体生理条件的影响，它可塑性小、变化慢，且无好坏之分。性格是后天的，更多地受社会生活条件的制约，其可塑性大、变化较快，且有好、坏之分。

再看个性和人格。个性是指具有一定倾向性的、比较稳定的心理特征的总和，即个体总的精神面貌。个性具有稳定性、整体性、独特性和倾向性等特点。人格是对人的总的本质的描述，它既能代表这个人，又能解释和注明这个人的行为。一般人将人格理解为一个人行为方式的道德评价，即人格有高尚与低下之分，这里的人格仅仅是指表现在行为方式方面的个性特征。但一个人的行为方式受其思维、情感、意志的支配，因而人格也反映出其他方面的心理特征，故有的心理学家认为人格也是个体全部心理特征的综合性表现，与个性同义。

最后让我们回到本性"难"移的观点上来。不难看出，这里的本性偏重于指人的气质，即个性心理特征中不易改变的成分，即所谓"难移"。但一个人的个性心理特征还具有可塑性的一面，性格可塑，气质也能慢慢改变，即一个人的个性可以在主观努力和环境影响下逐渐有所变化，所谓"近朱者赤、近墨者黑"就是这个道理。因此，我们应该注意培养良好的性格，努力改善自己的气质，养成良好的个性心理素质，以更好地适应社会。

人的良好性格，大都是由于各种各样的无形的影响所塑造而成的。居里夫人说："我并非生来就是一个性情温和的人。许多像我一样敏感的人，甚至受了一言半语的呵责，便会过分的懊恼。"她说，她受丈夫居里温和性格的影响，也学会了逆来顺受。她确信，一个具有良好性格的丈夫会在不知不觉中影响和提高妻子的心灵品性。据居里夫人自己介绍，她还从日常种种琐事，如栽花、种树、建筑、朗诵诗歌、眺望星辰中，培养出一种沉静的性格。清代的林则徐为了改掉自己急躁的性格，容易发怒的脾气，曾在书房醒目处挂起亲笔书写的“制怒”的横匾，以此自警自戒，陶冶自己的情操。最受美国人尊敬的本杰明·富兰克林不仅对美国的独立和科学发明有过重大的贡献，还因为他有很强的自我意识能力和良好的性格，给后人树立了光辉的榜样。有人曾批评富兰克林主观骄傲，他认真反思后，给自己立下了一条规矩：绝不正面反对别人的意见，也不准自己武断行事。他还给自己提出了具体改正的要求。他说：“今后我不准许自己在文字或语言上措辞太肯定，我不说‘当然’‘无’等，而改用‘我想’‘我假设’或‘我想象’。当别人陈述一件我不以为然的事时，我绝不立刻驳斥他，或立即指正他的错误，我听完陈述后会在回答的时候说，‘你的意见没有错，但在目前情况下，还需要再斟酌。’”富兰克林就是用这种方法克服自己性格中的缺陷，这也正是他成功的一个秘诀。

由此可见，性格的形成是与我们每一个人的主观努力分不开的，因此，我们不能把性格作为借口来为自己辩解。我们的行为将对我们的性格产生巨大的反作用力，也就是说，只要我们以一种新的“行为方式”来替代以前有缺陷的“行为方式”，直到它变为一种习惯，那我们就拥有了一种新的性格。我们每个人都是自己行为的施行者，因此，我们也就成为了自己性格的塑造者，同时，我们又是自己命运的主宰者。我们有能力改造、改变自己的行为，我们的每一次行为都改造着我们的性格，随着我们的性格向着好的或者坏的方面改变，我们这辈子的命运也将发生转变。

那么，你还在等什么？从现在开始改变不好的性格吧！

杨安谈宽恕

◆人生路太短，卑劣过嫌长。

◆能超越自己的人，是最强大的。

◆人生在勤，不耕何获。

从改变对世间的认知与观点开始

人的一生就像一趟旅行，沿途中有数不尽的坎坷泥泞，但也有看不完的春花秋月。如果我们的心总是被灰暗的风尘所覆盖，干涸了心泉、黯淡了目光、失去了生机、丧失了斗志，我们的人生岂能快乐？而如果我们改变了对世间的认知与观点，世间就真的会不同。这就等于给自己树一面心灵的旗帜，保持一种健康向上的心态，即使我们身处逆境、四面楚歌，也一定能看到未来的美景。

在日常生活中，我们经常一边抱怨人生的路越走越窄，看不到成功的希望；而同时又不思改变、因循守旧，习惯在老路上继续走下去。

美国康奈尔大学的威克教授做过这样一个实验：拿一只敞口玻璃瓶，瓶底朝光亮一方，放进一只蜜蜂，蜜蜂在瓶中反复朝有光亮的方向飞，它左冲右突，努力了好多次，都没有飞出瓶子，可它就是不肯改变突围的方向，仍旧按原来的方向去冲撞着瓶壁。最后，它耗尽了气力，气息奄奄了。

紧接着，教授又放进了一只苍蝇，苍蝇也朝有光亮的方向飞，突围失败后，又朝各种不同的方向尝试。最后终于从瓶口飞走了。

这个实验充分说明了：有时候在困境面前，改变对世间的认知与观点，一切就都柳暗花明、峰回路转了。

清人笔记小说中有一首《行路歌》：“别人骑马我骑驴，仔细思量总不如，回头再一看，还有挑脚夫。”

这首歌虽语言浅显，但是含义深刻，足以醒世。人生是块多棱镜的组合，一些事情虽有不愉快或糟糕的一面，但也有好的一面。从不同的角度认知，就会产生不同的效果。

有人失业了，整日愁眉苦脸，深觉自己是个既没能力，又失败的人；有些人却不这样想，他觉得可以另外找个适合自己的工作，真是大快人心。

同样一家店、同样的地点、货色一致，但不同的人来经营，却能创造出不一样的业绩，这和能力没有太大的关系，却和经营理念有关。

一件事的发生，不同的人看待它的态度却可以完全不同。同样的半瓶水，有人欣喜还有半瓶，有人却感伤它只剩下半瓶了。

从改变对世间的认知与观点开始，每天都会是新的一天，充满了新奇和美好。

当我们不能改变对世间的认知与观点，陷入定式思维时，我们的心中就会出现一位严厉的法官，他无时无刻不在批判自己、批判别人，对生活也毫不留情。于是在我们的眼中，别人的缺点似乎不断遁形，而自己的内心也因一些“看不开”的事而陷入悲观失望。

有两句话说得好极了：“当你眼中只看见海，而看不到其他时，就会认为没有陆地的存在，就无法成为优秀的探险家。”“真正的发现之旅，并不在于寻求新的景观，而在于拥有新的眼光。”

只要改变对世间的认知与观点，你的世界将会变得不一样。你用什么眼光看世界，世界就会以什么方式回报你。

理智的人善于从多角度看世界，改变自己的心态，笑对人生。

当你高考落榜时，不要悲观，不要失望，不妨多想想那些靠着自学成才的人。人常说，条条大道通罗马，这一次落了榜，还有下一次。

当你失恋了，也不要折磨自己，你应该潇洒地挥挥手，说句："祝你幸福。"然后告诉自己，错过了一棵树，但前面还有一片森林。

当你没有评上职称时，不要一蹶不振，更不要怨天尤人。你不妨想想没有职称的民族音乐大师王洛宾，体味一下他的一句话："是不是有了职称我的歌就能立刻传遍天涯海角呢?"

当你仕途失意时，大可不必患得患失，自己难为自己。自古失落者甚多，你完全可以重新审视自我，选择一条真正适合自己的道路，大展拳脚。

从改变对世间的认知与观点开始，从不同的角度进行全方位的观察，会产生不同的效果。就像一位伟大的导师说的那样："假如你不喜欢自己所目睹的世界，就换一换你的老眼光。"无论遇上多么烦恼的事，只要学会利导思维，从不同的角度理智地去观察、去比较，你就会保持乐观心态，轻松快乐地度过每一天。

宋代有位高僧，人称靓禅师。一次，靓禅师去一位施主家做佛事，路过一小溪，因前夜天降暴雨，溪水顿涨，加之靓禅师身体胖重，因而陷于溪流之中。他的徒弟连拖带拽，将其弄到岸上。靓禅师坐在乱石间，垂头如雨中鹤。不一会儿，他忽然大笑，指溪作诗曰：春天一夜雨滂沱，添得溪流意气多；刚把山僧推倒却，不知到海后如何?

禅师陷于溪流之中，一般人认为他会垂头丧气，自认倒霉而恨恨不已。而靓禅师偏不这样，而是以一种揶揄的态度面对自己陷于暴涨溪水的窘境，这样宽释了心怀，得到了乐趣，变烦恼为大笑，这是何等的胸怀啊。而这种胸怀也正是源于对世间积极的认知与观点。

因此，想在世间达观愉快的生活，想从困境中淡定自如的穿越，我们就需要改变自己对世间的认知与观点，变"九不能"为"九可以"：

你改变不了环境，但你可以改变自己；

你改变不了事实，但你可以改变态度；

你改变不了过去．但你可以改变现实；

你不能控制他人，但你可以掌握自己；

你不能预知明天，但你可以把握今天；

你不能样样顺利，但你可以事事尽心；

你不能左右天气，但你可以改变心情；

你不能选择容貌，但你可以展现笑容；

你不能决定生死，但你可以提高生命质量。

忙碌的一生，每天消磨着我们的生命，也在消磨着我们的希望。很多时候，我们苦了、痛了、倦了、累了，于是把心涂成一座黑色的城堡，走不出去，在心的城堡里待得时间久了，外面的天空也会变得黑暗。从改变对世间的认知与观点开始，不再背负着城堡一直走下去，你就能呼吸到更新鲜的空气；改变了对世间的认知与观点，你也可以像小鸟一样自由快乐地飞翔。让对世间的认知与观点更积极，你就可以消磨岁月，你的人生将会以另一种姿态呈现，你会发现天其实很高，水其实也很蓝，生活是如此的美好。

只要我们肯改变对世间的认知与观点，人生很快就会豁然开朗，呈现在我们面前的，也将会是柳暗花明的一片新天地。

杨安谈宽恕

◆改变对事物的认知，就能看到温暖之光。

◆今天你是否成功取决于你昨天是否积极，今天你是否积极决定了明天你是否成功。

◆乐观积极本身就是一种成功。

你必须放下那些不必要的包袱

有一个叫布袋的和尚，据说他是弥勒佛转世，来人间度化众生的。布袋就是他生命中的道具，那是身上的包袱，放下包袱的人，就可成佛。他有偈语："我有一布袋，虚空无挂碍。展开遍十方，入时观自在。"

他的布袋，装着的是虚空，是无牵，是无碍。而我们肩上的布袋，却装满了欲望，有情爱、名利、贪婪，一件件地往小小的布袋里塞，恨不能可以把天下的富贵都装进去。当一个人的布袋里拥有一切的时候，却最为贫瘠。而一个人的布袋里一无所有时，却感到超然。

我们要学会在诱惑中自持淡定，才不会迷失归途和本真。只是有多少人，走过一程又一程山水之后，可以做到不把一片风景装进布袋？又有多少人，可以将装满的布袋，一件件重新取出来，当作从来都不曾拥有过？

一个青年背着个大包裹千里迢迢跑来见无际大师，对大师说："大师，我是那样的孤独、痛苦与寂寞，长期的跋涉使我疲倦到极点；我的鞋子破了，荆棘割破双脚；手也受伤了，流血不止；嗓子因为大声呼喊而嘶哑……为什么我还不能找到心中的阳光？"

大师问："你的大包裹里装的是什么？"青年说："它对我可重要了。里面装的是我每一次跌倒时的痛苦，每一次受伤后的哭泣，每一次孤寂时的烦恼，每一次的情绪……靠它，我才走到了你这儿来。"

于是无际大师带青年来到河边，他们坐船过了河。上岸后，大师说："你扛着船赶路吧！""什么，扛着船赶路？"青年很惊讶，"它那么沉，我扛得动吗？""是的，你扛不动它。"大师微微一笑，说，"过河时，船是有用的。但过河后，我们就要放下船赶路，否则它会变成我们的包袱。痛苦、孤独、寂寞、灾难，这些对人生都是有用的。它能使生命得到升华，但须臾不忘，就成了人生的包袱。放下它吧！孩子。"

青年放下包袱，继续赶路，他发现自己的步子轻松而愉悦，比以前快得多。

人生在世，我们每个人都必须学会放弃心里的种种牵绊，让自己轻装前进，否则它只会变成我们的包袱。

"放下"不代表"放弃"，"放下"是丢掉生活中无足轻重的东西。譬如一架飞机油量不足时，千万不可放弃生存的欲望，我们可以丢掉一些包囊，让飞机顺利降落。"放下"一点，便轻松无比，行动起来自然更加有力。我们行动的停滞或受阻往往是由于思想的"包袱"太重，而又舍不得丢掉所导致的。只要放下不必要的包袱，我们的行动就会有"轻舟已过万重山"的快乐。

放下那些不必要的包袱，就是为自己打开一扇通向光明、通向成功的窗户；放下那些不必要的包袱，就是选择了一条豁然开朗的生命之路。

1. 放下不必要的情感包袱

有时失败者在"情感包袱"的重压下弄得自己像负重的蚂蚁似的难以前进。他们天天叨念和重复自己的忧虑，让这些东西像镣铐一样拖带着自己度过一生。

他们失去了现实中本来可以得到的乐趣和愉悦，因为他们总是唤起昨天不愉快的回忆，沉沦于今天不断增长着的痛苦之中。

在挫折面前，这种沉重的“情感包袱”会将人们压得喘不过气来，其实你完全不必这样：因为没有人不对失败感到痛苦，成功者只是将痛苦抛开，将“情感包袱”丢弃。他们像美国评价心理咨询专家哈威·杰肯斯提倡的那样：尽情地宣泄、尽情地哭、尽情地笑、尽情地发抖……而不是说：“别笑了！别哭了！别抖了！”之后，主动搜寻自己的积极因素，用积极的思想取代消极的思想，重整旗鼓。因此，你也完全没有必要背负沉重的“情感包袱”，和自己过不去。你有能力且应该将它放下或丢弃。

2. 放下不必要的名利包袱

追名逐利给自己带来快乐的同时，不安、苦恼，甚至是折磨也会如影随形。遗憾的是，那些快乐不过是昙花一现，折磨却是永远挥之不去。

现在社会上有很多事业有成的人，他们常常在这种名利的束缚下，生活得很苦很累，失去了常人生活的乐趣，总是想着自己的一言一行、一举一动都要符合自己的身份，这就像给自己戴上了名誉的枷锁，失去了生活的自由，也失去了生命的本真。

不为虚荣役使就是一切以人为本，该怎么做就怎么做。不要被眼前的花环、桂冠挡住前面的道路，而应该毫不犹豫地放下一切身外之物，走自己的路，干自己的事，不因小成就妨碍自己的大成功，这样才能获得心灵上的自由。

3. 放下不必要的思维包袱

通常，我们就是用固有的思维模式把自己框在一个限定的范围里，这就是思维的包袱，我们常常以为事情该是那样的，而这种思维包袱限制了我们去认识真实的世界，使我们离真相渐行渐远。

不要把自己的想法强加到别人身上，成了以小人之心度君子之腹的人，在对他人和事物的认知上，产生严重偏差。我们在对事物的认知上，要抛开自己的思维包袱，多站在对方的角度去考虑问题，对事物也就会有更深刻的认识。

4. 放下不必要的害怕吃亏的包袱

我们总觉得自己不能吃亏，因而让这个“大包袱”常常压得我们喘不过气。一旦我们放下这个包袱，吃点小亏，会有很多意外的发现。

真正聪明的人，总是能从吃亏当中学到智慧。“吃亏是福”是一种哲学思路，其前提有两个：一个是知足，另一个就是安分。知足会对一切都感到满意，对所得到的一切，内心充满感激之情；安分则使人从来不奢望那些根本就不可能得到的或者根本就不存在的东西。没有妄想，也就不会有邪念。也就能更清醒的认明世事，把握自己。

一个人总是背负着包袱前行，势必会疲惫不堪，因而我们必须放下肩上沉重的包袱，忘记应该忘记的，留住可以留住的。

俗话说：“千里不捎针，捎针累死人。”在人生的旅途上，过去的失败和成功、鲜花和掌声、荣耀和光环、种种消极心理等常常占据了我们的心灵，给我们今天的生活带来影响，让我们或者畏首畏尾、停步不前，或者自高自傲、满足堕落，它们阻碍着我们前进的脚步，因此，我们必须放下不必要的包袱，这样我们才能走得轻松、走得更远，才能创造新的明天。

杨安谈宽恕

◆放下包袱，精神得以松绑和成长。

◆美好的生命应该放下包袱，转而充满期待、惊喜和感激。

◆放下旧的包袱，飞扬新的希望。

试着忍耐，成才的树都长得慢

孔子曰：“百行之本，忍之为上。”忍是一种等待，为图大业等待时机成熟，忍之有道。忍是一种做人做事的大智慧，能忍就能够为自己留有后路。忍显示着一种意志坚定的力量，是内心充实、无所畏惧的表现。忍，不是低三下四，甘愿受他人摆布、忍气吞声、受人欺侮、逆来顺受、不去反抗，而是高明人的一种谋略，是为人处世的上上之策。试着忍耐，可以获得无穷的益处，更可以成就大业。

纵观古今中外，“忍”一直是众多有志之士的人生哲学。古语有云：“男子汉大丈夫，能伸能屈，能刚能柔，识时务者为俊杰也。”一个人如果甘苦可吃，万难可赴，能忍住岁月的考验，那么，即使不是英雄也会忍成英雄的。

20 世纪 80 年代，加拿大前总理特鲁多在下野后向邓小平请教复出的“秘诀”，邓小平的答案是“忍耐和信仰”。正是凭着这个“秘诀”，邓小平三次被打倒，三次复出，而且一次比一次获得的成功更大，被西方人称为“打不倒的东方小个子”。

忍可以顶得住任何砖石的磨砺，可以经得起任何风雨的冲击。正是这个“忍”字，使一度被打倒的邓小平再度复出，也正是这个“忍”字，教会了加拿大那位前总理人生的秘诀，使他在下野以后又重新焕发了政治生机，重新获得了总理的宝座。

在一个强手如林的世界里，忍是一种韧性的战斗，是一种做人的策略，是战胜人生危难和险恶的有力武器。凡能忍者必定志向远大，凡志向远大者必定能识大体、顾大局，所以说忍就是识大体、顾大局的表现。

“忍”是一种做人智慧，即使是强者在无法通过积极的方式解决问题时，也应该采取暂时忍耐的方式处理，这可以避免时间、精力等“资源”的继续投入。在胜利不可得，而资源消耗殆尽时，忍耐可以立即停止消耗，使自己有喘息、休整的机会。也许你会认为强者不需要忍耐，因为他资源丰富而不怕消耗。理论上是这样，但实际上当弱者以飞蛾扑火之势咬住你时，强者纵然得胜，也是损失不小的“惨胜”。所以，强者在某些状况下也需要忍耐，可以借忍耐的和平时期，来改变对你不利的因素。

陆游说：“小忍便无事，力行方有功。”强调的就是“忍”在人生行事过程中的必要性。苏轼在《留候论》中对于“忍”也有精辟的见解：他认为有远大志向的人，不会为一点小事与人去争斗。这样做不仅无助于事业，而且可能会伤害到自己，相反，对于无故降临到自己头上的灾难与屈辱，我们应该采取的态度是不惊、不怒。同时他还认为，汉高祖刘邦之所以战胜项羽取得天下，而项羽却自刎乌江，其根本就在于能忍。项羽不能忍，所以“百战百胜，而轻用其锋”。而刘邦能够忍，他知道羽翼不丰满不可以高飞，所以耐心地积蓄力量与项羽周旋，等待破敌的最佳时机，最后大获全胜。

“小不忍则乱大谋”，古今中外几乎所有的成功者，都懂得用忍耐去获取成功的方法。忍耐可以为你创造生存的空间，成功的沃土，更可以使你成为品德高尚的人。你如能掌握它，试着忍耐，将会终身受用无穷。

在生活中，忍也是医治磨难的良方。因为生活中的琐碎小事太多，一不小心就会招惹是非。所以，我们提倡“忍一时风平浪静，退一步海阔天空”。因为，忍一时之气是脱离被动局面，同时也是一种意志、毅力的磨炼，为日后的发愤图强、励精图治、事业有成奠定了正常情况下所不能获得的基础。遇事三思而后行，把“忍”放在心头才是上策。

一个人善于忍，才能得到各方面的帮助，吸收各个方面的信息，有时你自己不知不觉就会发现，忍给你带来的好处，远远大于不忍给你造成的伤害。

在面临错综复杂的情况时，忍可以考察一个人的才能；在面对不良之风气时，忍可以考验一个人的情操；在遇到困难时，忍可以锻炼一个人的思想意志；在处于激烈战斗之中时，可以检验一个人的力量；在受到委屈与不公平时，忍可以反映一个人的韧性和度量。所以说，忍者无敌。但是，我们常常会看到，很多人在生活中并不能多忍耐一些，主要是忍耐有三大劲敌：“一是灰心；二是沮丧；三是不冷静”。

第一，灰心是一面内心的白旗，是信心脆弱易折的表现。每当人们尽了最大的努力仍徒劳无功，那个灰色的影子逐渐蒙上心头之时，应该想想路德·勃班克，他花了整整16年工夫研究培养一种可供牛食用的仙人掌，从他手指上曾经拔出过100万根仙人掌的刺。不患得患失，不拘泥于成败，只把精力集中于事物本身，这份耐心和恒心，必然会有结果的。一位哲学家说得好：“所谓天才，不过就是极有耐心的人而已。”

第二，沮丧是精神失调，容易使人失去自制，是忍耐的大敌。当你感觉沮丧之火开始在心里燃烧的时候，要想想丘吉尔对一位暴跳如雷的将军说的一句话：“先生，你不能控制感情，而让感情控制了你！”人是需要控制自己的，包括自己的一切情感，感觉沮丧就是自我的情绪失控。如果你急于驱车赶到什么地方，偏偏处处碰到红灯，沮丧冒火都是无济于事，那只会陡然使血压增高。瑞士精神病学家杜布瓦的“文字治疗法”对控制情绪很有帮助。这种方法是高声朗诵，或在心里思索“肃穆”“宁静”一类字眼，这样能使因沮丧而来的冲动逐渐平息。

第三，不冷静，方寸自乱，往往临事慌张，小题大做。“人生失意十有八九”，试着忍耐，将会使你战胜失意。你不仅可以体会忍耐对生活的价值，还可以观察忍耐对生活的作用。总之，日出有一定的时候，催不得，潮汐涨落亦有一定的节奏，改变不得，这些自然现象都有永恒的耐心，没有耐心的人，注定成不了气候。

忍耐是一种美德，是一种很难掌握的成功要素，那么，我们如何才能达到忍耐的最佳境界呢?

（1）经常明确地意识到目标的存在，使自己为了达到这个目标，而不断提高运用头脑思考的能力。

（2）尝试着去了解自己做每一件事情的意义所在：一旦能够理解了以后，对工作抱持的态度，就会从“应该做”进入“必须做”这种积极性的意识形态。如此一来，必能减少工作时的紧张感和压迫感，从而愉快地完成工作。否则，一味地强迫自己去做不喜欢的事情，不但会增加不少的麻烦和痛苦，而且，精神很容易疲劳而导致毫无效率可言。

（3）培养安于困境的习惯。一个人在面对困难的情境时，常常会表现出逃避的倾向。但是为了能够自我控制，就必须忍耐这种困境所带来的痛苦。那么时间一久，自然会在不知不觉间，培养出一种安于困境的耐力，而能够全神贯注在自己的工作上。

（4）学习抑制冲动的情绪。这件事初看，似乎很难。但是，只要我们稍微冷静地加以分析，很容易便可以发现，要抑制冲动的情绪，事实上是很简单的。不过，对于比较强烈的冲动或欲望，还是应该选择一个适当的时机，使它们有机会尽量地发泄出去，比较妥当。

按照上面所叙述的方法，经常不断地做自我训练的话，很快地，你将会在潜意识之中，很自然地进入“忍”的最佳境界之中。

忍耐是医治磨难的良方。在忍耐中你可以磨砺心性，洞察世事，更重要的是你赢得了发展的空间和时间。无论遇到什么情况，我们都应记住这个人生成功的要诀：百忍成金——试着忍耐，是成为参天大树的基础。

杨安谈宽恕

◆忍耐在心间，烦恼不沾边。

◆忍耐是一帖有益于所有痛苦的膏药。

◆伟大的作品不是靠激情，而是靠忍耐和坚持来完成的。

不用要求别人都像你那么优秀

有这样一类人，他们往往能够脱颖而出，抱有远大的理想，追求完美，不仅对自己是高标准、严要求，在人际交往中，对他人也常常多了几分要求，要求别人也像自己那么优秀，同时常常因为别人不认同自己的观点而气愤不已。其实，世界上没有两个完全相同的人，人各有各的思维方式和行为标准，所以，要求别人也像你那么优秀，一来未必符合成长规律；二来自己也会觉得不快乐。

潘石屹说：“不要任何时候我字当头。”我字当头，就会对别人感到失望。

一个王姓同学手头缺钱，便向孙姓同学借了500元钱。当时孙同学手里并没有这么多钱，他只有300元。为了表现对哥们的义气，他又从他的老乡那借了200元，才凑够500元借给王同学。

按理说，孙同学的做法值得赞赏。毕竟中国自古崇尚为朋友两肋插刀的处世哲学。但接下来的事情就不得不让人深思了。孙同学借给王同学钱后的半年，孙同学手里缺钱了，他向王同学借200元（两个月前王同学已经将借的500元还给他了）。这时王同学手里有300元，而孙同学急着交职业资格考试报名费。按照孙同学的想法，王同学应该借给他200元。

他心想：当初你向我借钱时，我钱不够，我宁愿向别人借，然后再借给你，何况你现在手里有300元呢。

但是事情的发展却不是这样。王同学对孙同学说："我只能借给你150元，因为我必须给我女朋友买一辆自行车。"王同学刚刚谈了一个女朋友，买一辆自行车刚好需要150元。

孙同学很生气："自行车缓几天买不行吗？"

王同学肯定地说不行。

孙同学一怒之下连那150元都不借了，扭头就走了。

一对好哥们从此冷淡于江湖。

其实两个人都没有错，只是做事的方式不同。如果孙同学对王同学的做事方式能够给予适当的理解，他就不会感到失望。他之所以感到生气，是因为他按照自己的标准要求了对方。

这就给我们提了个醒，我们在对别人生气的时候，是不是该反省自己对别人的理解是不是不够？我们在要求别人的时候，是不是没有充分考虑到别人的性格、教育背景、经历和一贯的做事方式？理解了别人，也就解放了我们自己要求而不得的失望。如果我们的要求是基于对方做事的方式，我们就会很务实，要求也就容易实现。反之，如果要求从我们自身的主观出发，一旦对方不符合，我们就会失望，进而生气。

职场新人小松讲述了自己的不幸经历，他的那位上司就是一个要求别人都像他自己那么优秀的人。

前不久，公司来了一位新上司，做起事情来一丝不苟、中规中矩，任何事情他都极力追求完美。我感到既惊喜又恐惧，惊喜的是原来那个讨厌的上司终于调走了，恐惧的是新上司是一个完美主义者。上司对完美的追求简直到了无法容忍的地步，这样的要求对我来说是一种莫大的压力，心中感到很烦闷，常常莫名地生气。

比如，在需要与客户洽谈生意的时候，上司会要求我写出详细的业务计划和预算，包括具体的时间，会谈阶段的安排以及具体的会谈内容、目的，还有所实施的方法等。不过，虽然心有不满，但他毕竟是上司，怎么能指责他呢？后来，时间长了，我也忍不住了，不时有意或无意地向上司提出要求，说明自己的工作特点，可是，这位顽固的新上司还是执意认为他能做到的事下属也应做到，于是依然要求我写出详细的业务计划，不然就对我其他的工作百般挑剔、指责。

面对这样一个上司，我感到比之前的压力更大，常常带着情绪工作。由于新上司的独特要求，我把大部分的时间和精力都花在了书写工作计划上，有时候，写工作计划会写到摔笔头。不到一个月，我就感到支撑不下去了，我毅然选择了辞职，去寻找自己的另一片自由天空。

我们不难看出，这位上司是典型的完美主义者，他用自己的优秀不断要求下属，使下属有苦说不出，最终，下属丧失了为他工作的有效动力。

许多老板都有这样一个特点：当员工完成了自己所交代的工作，他会觉得这是理所当然的；如果员工没有达到自己的要求，他就会怨声载道，甚至比员工还要沮丧，不能理解员工的辛苦。其实，这就是一种消极的思维，老板用这种消极的情绪感染到员工，员工就会失去了追求成功的动力，对工作产生消极态度。另外，这种消极的思维模式也会给老板自己带来一种负面的情绪体验，令自己感到无奈、沮丧、愤怒。

事实上，人与人之间的个性经历等各方面的差异决定了每个人都注定是独特的个体，不可能都一样。所以，真的不用要求别人都像你那么优秀，否则，不但容易失望，也难与人相处，于人于己都徒增烦恼。

1. 要认识到“人无完人”

在充满竞争的社会生活中，要认识到“人无完人”，既要求自己不断进步，又允许自己偶尔失败，才能保持心理上的平衡。

2. 要“宽容别人”

对于不能像你那么优秀的人，要以宽广的心胸去包容。如果你不包容，心里就总是会愤愤不平，容易被一种失望、莫名烦躁的情绪所困扰；如果你不包容，你会只看到别人的短处，言语上贬低别人，行动上敌视别人，结果使人际关系越来越僵，以致树敌为仇。而且，今天忌恨这个，明天忌恨那个，结果朋友越来越少，对立面的人越来越多，这会严重影响人际关系和社会交往，成为孤家寡人，这样一来，不仅烦恼事件越来越多，而且承受能力也越来越差，社会支持则不断减少，以致在情绪一落千丈之后便一蹶不振。

3. 有四句话可以借鉴一下

第一句话是，把自己当成别人。从别人的角度出发考虑问题，就会避免把自己的观点强加于人的不愉快。

第二句话是，把别人当成自己。将自己放到别人的位置上，你就会想到很多原来不曾想到的东西。自然也就可以设身处地地为别人考虑，真正同情别人的不幸，理解别人的需求和不够优秀，并且在别人需要的时候给予恰当的帮助。

第三句话是，把别人当成别人。充分地尊重每个人的独立性，因为别人不是你。所以也就不可能和你的喜好一样，这就要求在任何情形下都不可侵犯他人核心领地的思维和空间。

第四句话是，把自己当成自己。每个人都是有独立性的，正是因为你优秀的独特魅力，你才为大家所接受，例如，你热情洋溢，你乐观积极，你善解人意……这都是你独有的地方，保持你独特的魅力，你将大受欢迎，活出精彩的自我。

请看好自己的标准，请对他人多一份理解，停止要求别人都像你那么优秀。把视线回收，把重心放在自己身上，把对别人的要求转化为对自己的要求。要求自己每天进步一点，要求自己每天乐观一点，要求自己每天自律一点，要求自己每天节食一点，要求自己每天运动一点……鉴于我们离完美还很远，所以，我们可以每天多要求自己一点点。这样，无论对于自己，还是身边的人，都能够收获一份更坦然的心境，你周围的人也将随着你的变化而变化，而你也会拥有一个与众不同的精彩人生。

杨安谈宽恕

◆以理解的眼光去看对方，而不是以强制的关心去管制对方。

◆应把全部力量用于努力改善自身，而不能浪费在任何别的事情上。

◆修本自会末应。

糊涂一点，有时候也要学会骗自己

“难得糊涂”历来被推崇为高明的处世之道。人生在世，总有许多不如意和坎坷，有积怨也有飞来横祸，有意外的惊喜也有沉重的打击。人生在世总是脱不了与人的干系，宠辱不惊、得失不计也许是很难达到的顶峰。只是我们去面对时“糊涂”一点，有时候学会骗骗自己，能更好地把心态调整到正常状态，并处理好问题。

古人说：“水至清则无鱼。”世上有些事情必须是非确凿，泾渭分明，而有些事情却不必过分较真，甚至还需装点糊涂。

糊涂学说：“糊涂！方为大悟！”

吕端，北宋幽州安次人。出生在官宦家庭，自幼好学上进，终成大器。南怀瑾《论语别裁》所谓：“诸葛一生唯谨慎，吕端大事不糊涂。”这是副名联，也是很好的格言。吕端一生经历了三代帝王，在40年的官宦生涯中几乎没有受到什么冲击，这种经历在封建王朝中实在是不多见的。这与他在大局、大节问题上毫不糊涂，但在事关个人利益的问题上却能“糊涂”了事的品质是有很大关系的。对于我们今天的人来说，不管是当官还是为人处世，都应该学学这种“糊涂”的精神。

在吕端刚刚担任宰相的时候，朝廷中有官员由于平时听多了吕端“糊涂”的传闻，对他很不服气，突然大声地讥讽他说：“哈哈，这小子也配入朝为相，参与商议国家大事吗？”吕端却像没听见一样，平静地走过去。跟随他一起做官的人，开始为他打抱不平，拉着他，非要帮他查出到底是谁竟敢在朝堂上讥讽刚刚上任的宰相。吕端却推开众人说：“谢谢大家的好意，我为什么一定要费尽心思查出是谁在说我呢？

如果一知道他的姓名，就一生都忘不掉了，还不如不知道的好。往后还怎么一起工作呢?”这种君子不念恶，揣着明白装糊涂的举动对吕端来说，是一种反映自我修养的高尚境界，但在世人眼中，自然又被看成了“糊涂”。

公元997年，宋太宗病危。临死之前立三子赵恒为太子。皇宫内侍王继恩害怕赵恒继位后于己不利，就先串通好了皇后，再暗中勾结了副宰相李昌龄，殿前都指挥使李继勋，知制诰胡旦等人，图谋拥立楚王赵元佐为太子，一场宫廷政变正紧锣密鼓地展开着。太宗死后，皇后命王继恩召吕端进宫议事。吕端预感到要有大变，先命人将王继恩锁于阁内，让士兵守住门口，然后火速入宫见皇后。皇后对吕端说，皇上已驾崩，立嗣应该立长子才对，现在你看怎么办?吕端知道皇后的意思，却毫不谦让退却，说:“先帝在的时候已经明确了太子，我们怎么能不听他的话呢?”由于谋变的关键人物王继恩已经被控制了起来，皇后一时也没了主意。吕端趁热打铁，率领大臣共同保太子继位。真宗登基后，坐在大殿上垂帘接受群臣的朝拜，吕端站在底下不肯下跪，先让人卷帘，走过去确认是太子，这才走下台阶，率群臣拜呼万岁。此足见其大事之精明到何等地步。

功名富贵是世人孜孜以求的东西，也是最容易斤斤计较的，吕端却表现出了一种淡然的态度。也正是由于他对这些人们通常关注的官位高低、金钱多少等问题的漠然，才留下了“糊涂”的说法。他虽然在这些小事上糊涂，不爱计较个人得失，也不与他人交恶，凡事淡然处之，但是面对国家大事时，却比任何人都精明睿智，高瞻远瞩。

俗语总结得好:“人情留一线，以后好相见。”郑板桥也曾写道:“难得糊涂。”“糊涂”不是犯傻，不是愚昧，而是一种气度，一种修养，一种智慧。在职场和生活中，往往有时那些看上去“稀里糊涂”的人还可以成为赢家。究其原因，是因为人们都对那些处世精明、聪明绝顶的人怀有戒心，敬而远之。因此，那些对一些小事不太认真、会装糊涂的人，比事事精明、咄咄逼人的人更受大家的欢迎。如果你是一个聪明人，就要学会装糊涂，有时骗骗自己，这样不仅可以有效地保护自己，还能充分发挥自己的聪明才智。

糊涂一点，有时候骗自己可以有以下好处。

1. 会装糊涂烦恼少

生活和工作中，有时候免不了与他人发生磕磕碰碰。当他人和你生气、指责你的时候，如果你能够忍让一点，糊涂一点，不去斤斤计较。这样，你就会发现麻烦、损失、烦恼也会减少很多，甚至是通通离你而去。

2. 会装糊涂解决起问题来容易得多

真正聪明的人是会装糊涂的人，他们在人际交往中处处隐藏了自己的聪明。当你在工作中遇到棘手的难题时，试着把“糊涂一点”作为特定情况下的交际武器，然后用这个交际武器去解决问题，你会发现即使是很难的问题也会变得容易许多。

3. 会装糊涂容易获得认可

当你志得意满时，不可趾高气扬，目空一切，因为，这样你很可能会成为别人攻击的目标。

不管你有多么高深的学问，不管你有多么出众的才华，也不要锋芒毕露，养成谦虚的美德，做到有礼有节。这样一来，既可以有效地保护自我，又能得到大家的认可和尊敬。

4. 会装糊涂可以摆脱尴尬的处境

有时候，不要认为别人一定会同意你的观点，不要否定他人的智慧和判断力。因为，别人往往非但不会改变自己的看法，还要进行反击。这时，即使你搬出所有的大道理也无济于事。这时，糊涂一点，在很大程度上可以使自己与别人摆脱尴尬的处境。

5. 会装糊涂更易成就大事业

当你遇到一些细枝末节的小事时，不必太在意，装一下糊涂可以把你从不必要的纠缠中解脱出来。没有了小事的束缚，你就能集中精力去办大事了，久而久之，也就可以成就自己的一番大事业。

“糊涂一点，有时候骗自己”是大智若愚，是对小恩小怨的不执着、不计较，是性存忠厚，是对弱小的体恤、宽容，是一种良好的道德修养。也是一种大丈夫的气度，是放眼未来的襟怀，是超俗越世的大智大勇。正是“糊涂一点，有时候骗自己”的警醒，才能使人们在当今的纷扰世界里，闲看庭前花飞落，漫随天外云卷舒；才能宠辱不惊，去留无意，于利不趋，于色不近，于失不馁，于得不骄，以豁达之情笑看风云变幻、潮起潮落。

杨安谈宽恕

◆糊涂，有时候意味着空间。

◆懂得糊涂，修养气度。

◆善于洞悟，才善于糊涂。

屡试不爽的绝招——换位思考

换位思考是人对人的一种心理体验过程，将心比心、设身处地是达成理解不可缺少的心理机制，它客观上要求我们将自己的内心世界，如情感体验、思维方式等与对方联系起来，站在对方的立场上体验和思考问题，从而与对方在情感上得到沟通，为增进理解奠定基础。它既是一种理解，也是一种关爱。无论在处理问题的时候，还是在处理人与人之间的关系时，换位思考都是屡试不爽的绝招。

现实生活中，我们每个人都会遇到各种各样的问题，碰到各种各样的烦心事，有着各种各样的矛盾，这个时候不少人总是满腹牢骚，有许多怨言。工作中也是如此，不顺心的时候，和同事有纷争的时候，我们都喜欢感情用事，不够理智，不懂得换位思考，这给我们带来了许多麻烦。其实，了解别人是一种能力，而不仅仅是一种态度。

换位思考是人类经过长期博弈，付出惨重代价后总结出来的黄金法则。没有人是一座孤岛，成功也是一个利益共同体。我们不能用自己的左手去伤右手，合作双方是同一棵树上的叶和果。俄国哲学家克鲁泡特金在《互助论》中证明："只有互助性强的生物群才能成功地生存，对人类而言，换位思考是双赢的必要条件。"

在英国的一个小镇上有一位富有但孤单的老人准备出售他漂亮的房子，因为他要入住疗养院了。消息一传开，立刻有许多人登门造访，提出的房价高达 30 万美元。

这些人中有一个叫罗伊的小伙子，他刚刚大学毕业，没有多少收入，但他特别喜欢这所房子。他悄悄打听了一下别人准备给出的价格，手里拿着全部家产3000英镑，想着该如何让老人将房子卖给自己而不是别人。

这时，罗伊想起了一个老师说过的话——找出卖方真正想要的东西给他。

他寻思许久，终于找到问题的关键点：能不能在花园中散步是老人最牵挂的事。

罗伊就跟老人商量说：“如果让我买下您的房子，那您仍能住在您的房子里而不必搬去疗养院。这样，您每天都可以在花园里散步，而我会将您当成我的爷爷。一切都像往常一样。”听了这话，老人那张布满皱纹的脸顿时绽开了灿烂的笑容，笑容中充满了爱和惊喜。老人当即决定将房子卖给罗伊，罗伊首付3000美元，之后每月付500美元。

老人很开心，他把整个屋子的古董和家具都作为礼物送给了罗伊，并高兴地向大家宣布这所房子已经有了新主人。

罗伊不可思议地获得了收益，同时老人也获得了好处。

孔子曾说：“己所不欲，勿施于人。”《马太福音》中说：“你们想让别人怎样待你，你们就要怎样待人。”对不同地域、不同种族、不同文化的人来说，这些道理的大意都相同。与人相处时，应懂得替别人着想，站在对方的角度考虑问题。

换位思考不仅对保持人与人之间的和睦关系非常重要，而且对在工作中怎样与人打交道来说也是至关重要的。无论从事销售，还是从事心理咨询，或是给人治病，体察别人内心的换位思考都是获得优秀业绩屡试不爽的绝招。

有一家跨国公司的董事长要退休了，他需要一位才智过人的接班人。经过一段时间的物色和观察，最后他挑出了两个候选人，一个叫赖恩，一个叫布斯，两个人同样优秀。

两个人皆善于骑马，所以董事长想出了一个用赛马来选人的办法。

一天，老董事长邀请两位候选人赖恩和布斯到他的马场。当赖恩和布斯来到马场时，老董事长牵着两匹同样好的马走出来，说："我知道你们都精于骑术，这里有两匹同样的好马，我要你们比赛一下，胜利的人将会成为我的接班人。"

"赖恩，我把这匹棕马交给你；布斯，你骑这匹黑马。"两个候选人接过马后，各自打量马的素质，查看马鞍等用具，十分仔细，生怕有什么疏忽。

布斯想："幸好我一向都坚持练习，这次董事长之位非我莫属。"想到这里，他不禁沾沾自喜。

这时，董事长宣布了一条令人吃惊的比赛规则："我要你们从这里骑马跑到马场那一边，再跑回来。谁的马慢到，谁就是我的接班人！"

布斯从自己的美梦中醒过来，不敢相信自己的耳朵；赖恩也以为自己听错了，呆立着不知如何是好。

两人心里都很困惑："骑马比赛都是比速度快，谁快谁就赢，怎么还会有比慢的呢？"

董事长见两人都张着嘴巴没说话，以为没听清楚，又大声说道："我再重复一次，这次比赛是比'慢'，不是比'快'的。下面，请各到自己的位置上，我数三下便开始。"

"一、二、三，开始！"

三声过后，赖恩和布斯仍然站在原地，不知该怎样做。过了好一会儿，赖恩突然灵机一动，迅速跳上布斯的黑马，然后快马加鞭地向着马场的另一边跑去，把自己的马留在后面。

布斯看着赖恩的举动，觉得很奇怪："赖恩怎么骑了我的马？"

当布斯想明白是怎么一回事时，已经太迟了。他自己的黑马已经遥遥领先，赖恩的棕马还留在原点，任他怎样追也追不上自己的马。结果，布斯的马最先到达终点，布斯输了！

“恭喜！恭喜！”董事长高兴地对赖恩说，“你可以想出有效创新的办法，这证明你有足够的才智继承我的位置。我现在宣布，赖恩便是公司下一届的董事长！”

赖恩的成功之处在于他能站在老董事长的角度出发，懂得利用规则，因为老董事长要求的是“马”慢到，而不是“人”慢到。

生活中，你有过这样的经历吗？当遇到某些难题一时无法解决的时候，只要后退一步，站在别人的立场上来换位思考，问题就好解决多了。

换位思考，可以让我们突破固有的思考习惯，学会变通，解决常规性思维下难以解决的问题；换位思考，可以让我们了解别人的心理需求，感受到他人的情绪，将沟通进行到底；换位思考，可以让我们揣摩到对方的心理，达到说服对方的目的；换位思考，可以让我们欣赏到他人的优点，并给对方真诚的鼓励，使团队和谐高效；换位思考，可以让我们很好地进行服务定位，成功销售我们的产品；换位思考，可以让领导者得到下属的拥护；换位思考，可以使下属得到上级的器重；换位思考，还有助于我们走出自己既定的限制，使我们能够看到平时看不到的事物……

总之，换位思考，就是屡试不爽的绝招。如果想与别人真心共处，就必须懂得换位思考。

换位思考，首先需要从自我做起。自己少一分随意，别人就多一分轻松；自己少一分刻薄，别人就多一分宽容。

然后，需要从对方的切身利益和切身感受出发考虑问题。比如，他的真实想法是什么？他的需求是什么？他比较喜欢什么？他厌恶什么？他希望你能做什么？只有将心比心，才能知道对方所需，也才能和他相处融洽。

深刻的道理，往往是简单的；而简单的道理，真正做到了就不简单。人生路上，我们不能缺少换位思考这种屡试不爽的绝招。当我们懂得了换位思考，我们就会发现：生活原本可以如此多彩，精神原本可以如此充实，世界原本可以如此美丽。

杨安谈宽恕

◆理解人者，人恒理解之。

◆换位思考，大度宽容，万物兼济。

◆善于换位思考，能收获人生的累累硕果。

有关于情绪整理的秘诀

国外有位专家说：“在一切对人不利的影响中，最能使人短命夭亡的，莫过于不好的情绪和恶劣的心境，如忧虑、颓丧、惧怕、贪求、怯懦、嫉妒和憎恨等。”这些不好的情绪，就是我们通常所说的使人不愉快的消极情绪。

医学家和心理学家经过多年研究发现，人们精神上、心理上的不健康情绪，比肉体疾病对机体的健康损害更大，而且会加快人体自身衰老和死亡的速度。长时间的忧郁、悲哀、惊惧、愁苦、愤怒等，不但会直接降低人体正常的消化吸收功能，干扰人体整体的新陈代谢，而且还会削弱人体免疫抗病能力，使人的心理活动失去平衡，并能使机体产生一系列的生理变化，引致心身障碍，从而危害健康。

因此，学会用情绪整理的秘诀来控制自己的情绪，排遣苦恼和忧烦，以保持恬静和愉悦的心境，这是十分必要的。

1. 自我鼓励

自我鼓励法是用生活中的哲理或某些理智思想来安慰自己，鼓励自己同痛苦和逆境进行斗争。自我鼓励是人们精神活动的动力源泉之一。一个人在痛苦、打击和逆境面前，只要能够有效地进行自我鼓励，他就会感到有力量，就能在痛苦中振作起来。

2. 语言暗示

心理学家普拉诺夫认为，暗示的结果会使人的心境、兴趣、情绪、爱好、心愿等方面发生变化，从而使人的某些生理功能、健康状况、工作能力发生变化。暗示是影响潜意识的一种最有效的方式。它超出人们自身的控制能力，指导着人们的心理、行为。暗示往往会使别人不自觉地按照一定的方式行动，或者不假思索地接受一定的意见和信念。“暗示”的作用还影响人的情绪和意志，经历中出现的不良暗示信息，只有通过暗示才能替换掉。负面的暗示，能够直接导致失败；正面的暗示，可以有力地帮助人成功。例如：“我很健康”，“我越来越聪明”，“我很快乐”，“我一定行”等。

3. 理智调节

（1）体察自己的情绪

时时提醒自己注意：“我现在的情绪是什么？”例如，当你因为朋友约会迟到而对他冷言冷语，问问自己：“我为什么要这么做？我现在有什么感觉?”如果你察觉你已对朋友三番两次的迟到感到生气，你就可以用这种方法对自己的生气做更好的处理。有许多人认为人不应该有情绪，所以不肯承认自己有负面的情绪，要知道，人是一定会有情绪的，压抑情绪反而带来更不好的结果，学着体察自己的情绪，是情绪管理的第一步。

（2）适当表达自己的情绪

表达情绪尽量从对方的角度出发，用建设性、积极的方式来表达。再以朋友约会迟到的例子来看，你之所以生气可能是因为他让你担心，在这种情况下，你可以婉转地告诉他：“你过了约定的时间还没到，我担心你在路上发生意外。”试着把“我担心”的感觉传达给他，让他了解他的迟到会带给你什么感受。而不适当的表达则是指责：“每次约会都迟到，你为什么都不考虑我的感觉?”当你指责对方时，也会引起他的负面情绪，他会忙着防御外来的攻击，没有办法站在你的立场上为你着想，他的反应可能是：“路上堵车啊！有什么办法，你以为我想迟到吗?”如何“适当表达”情绪，是一门艺术，需要用心体会、揣摩，更重要的是，要确实用在生活中。

（3）以适当的方式缓解情绪

缓解情绪的方法很多，有些人会痛哭一场，有些人会找三五好友诉苦一番，还有些人会逛街、听音乐、散步或逼自己做别的事情以免老想起不愉快的事。但是，缓解情绪的目的在于给自己一个理清想法的机会，让自己好过一点，也让自己更有能力去面对未来。如果缓解情绪的方式只是暂时逃避痛苦，而后需承受更多的痛苦，这便不是一个合适的方式。有了不舒服的感觉，要勇敢地面对，仔细想想，为什么这么难过、生气？我可以怎么做，将来才不会重蹈覆辙？怎么做可以降低我的不愉快？这么做会不会带来更大的伤害？从这几个角度去选择适合自己且能有效缓解情绪的方式，而不是让情绪来控制你。

4. 交往调节

消极情绪常常是由人际关系矛盾和人际交往障碍引起的。个人有了烦恼，能主动地找知心朋友交往、谈心，可倾吐苦衷，发泄苦闷，消除紧张心理状态。得到朋友的劝告、同情和鼓励、支持，使自己鼓足战胜不良情绪的勇气和信心。还可与朋友讨论一些有意义的问题，转移注意力，遗忘痛苦的经历。

5. 活动转移

活动转移法就是借其他活动把紧张情绪所积聚起来的能量排遣出来，是使紧张及时松弛、缓和的一种调节方法。适量活动、运动后的大脑能产生一种快感荷尔蒙——“内啡肽”。内啡肽能让我们充满爱心和光明感，积极向上，愿意和周围的人交流沟通，还可以帮助人保持年轻快乐的状态。

6. 充分休息

低潮情绪的产生在许多情况下是因为工作压力增大、身心疲劳而产生的，所以学会休息，充分消除疲劳是有效的解决手段。休息的重要内容是保持充足的睡眠。匹兹堡大学医学中心的罗拉德·达尔教授的一项研究发现，睡眠不足对我们的情绪影响极大，他说：“对睡眠不足者而言，那些令人烦心的事更能左右他们的情绪。”事实上，许多人都认为在他们睡眠充足后心情最舒畅，看待事物的方式也更乐观。

7. 控制欲求

低潮情绪，也是由于自己的欲望、需要得不到满足而产生的。在“索取和获得尽量多一点，付出和贡献尽量少一点”的不正常心态下，产生情绪化行为是不足为奇的。所以，销售人员要降低过高的期望，摆正“索取与贡献、获得与付出”的关系，只有加强了理性认识，才可能防止盲目的情绪化行为。

8. 充电学习

学习会使你的积极的心理能量永不枯竭。请记住一位名人关于学习的论述：“当你感到悲哀痛苦时，最好是去学些什么东西。学习会使你永远立于不败之地。”你可以阅读自己感兴趣的励志书，也可以读名人传记，比如彪炳史册的伟大政治家、军事家、哲学家、科学家、文学家、诗人、画家……每一个人都是一个独特的世界，名人们的世界则更为丰富、深邃。每一个成功者的背后，都包含着数不清的汗水、泪水、心血、挫折和痛苦。读名人传记，能从名人身上汲取力量，汲取生活的勇气。

9. 拥抱大自然

我们每个人都需要与内心的天性保持不断联系，所以我们有必要重新返回自己的自然本性中去，以保护这一非常宝贵的与我们天性相联系的纽带。鲜花、流水、草木、天空、微风、大山……这一切，都能帮助我们深入到内心自然的深处，使我们得以更新与释放。

10. 音乐冥想

当你出现消极情绪时，不妨试着做一次“心理按摩”——在音乐中漫步枫林，翱翔云海。

11. 制造快乐

比如，看喜剧电影、幽默漫画与幽默故事等。

杨安谈宽恕

◆度量像海涵春育，应接如流水行云。

◆积极的情绪在每一次忧患中都能看得到机会。

◆情绪整理拓展生命的长度、心灵的宽度、灵魂的深度。

第七章

放飞心灵，宽恕是成就自我与快乐人生的翅膀

宽恕是一种气度与胸怀，是大家风范的一个标志，是成为一个大人物必备的素质，也是一种美好的品德，是令人肃然起敬的优秀品质。只有深谙宽恕，生命才能喜悦，才能发展壮大。只有深谙宽恕，才会获得人生的亮丽，打开爱与幸福的大门。

人生是种体验而非结果

人生的意义是什么？换句话说，人活着到底是为了什么？不同的人会有不同的回答。这个古老的命题或许永远都不会有一个统一的答案。但深入透视大千世界，人生其实就是一种体验，而非一种结果。

不是吗？我们可以看见，人们都是在想着去拥有自己所没有的东西。贫困的人渴望金钱；地位低的人渴望地位高；悲伤的人渴望快乐；痛苦的人渴望幸福；平淡的人渴望精彩；平庸的人渴望成功……而那些事业很有成就者对财富、地位常常又是麻木的，他们往往会为钱所累、为权所恼，渴望过上一种平静恬淡的生活。一生物质条件贫困者无疑是一种悲哀，而一生物质条件优越者也未必是一种幸运，因为他们都缺乏对另外一种生活的体验。

人的生命是有限的，但人的探索欲是无限的。所以，每个人都有扩大自己人生体验的欲望，都希望能使自己有限的生命活得更加丰富和精彩。在时下多元化的社会，体验自己所没有经历过的东西几乎已成为一种追求、一种时尚，每个人都会在自己的能力范围内选择自己的人生体验，比如说旅游，就是为了让自己到更多的地方、看到更多的事物、了解更多的世态、得到更多的不同体验；乡下的人跑到城里打工来体验城市，而久居闹市的人却开始在乡下购置物业、兴建别墅体验田园风光；美国的富商愿意花两千万美元体验一下太空遨游，普通人也愿意花几十块钱体验一下过山车的感受。

记得电影《甲方乙方》讲的就是人们的人生体验，每个人都追求体验，都会想出一些稀奇古怪的体验来愉悦自己。的确，假如一个人一生只从事一种职业，他就只有一种人生体验；但若是一个人一生从事过十种职业，他就有了十种人生体验。与前一个人相比，他相当于活了十次。

人生的最大趣味，就在于它的多元化。不管是狂风骤雨，还是艳阳高照，都可以是最美丽的生活景致，也都值得我们好好地体验。

如果你总是担心被大雨淋湿，害怕艳阳会晒黑了皮肤，那么你就很难享受到生活的真正乐趣。

有一对夫妇一直渴望有个孩子，而且也早就给孩子取好了名字，但是，他们却等了10多年才如愿以偿。

这个儿子成了他们的宝贝，这对夫妇想尽办法教导儿子，连走路的方式也清清楚楚地告诉他：“我的好孩子，走路时记得要看着脚底下，因为木板最容易让人滑倒啊！”

这是儿子开始学习走路时爸爸的叮咛。乖巧的儿子遵从父亲的教导，只要走在木质地板上，一定紧盯着脚下的步伐。

有一天，他们一家人到山间游玩，爸爸又教导儿子：“在山路上行走时，你还是要看着地上，每一步都要相当小心，不然你会从山顶摔到山谷中；而下山坡时，你一样要看着脚下，否则一个闪失，你就会扭伤脚踝的。知道吗?”

儿子点了点头，说：“知道了，爸爸!”

有一天，儿子准备到海边旅行，妈妈连忙叮嘱他：“儿子啊！当你走在沙滩上时，千万要小心啊！两眼一定要紧盯着脚下，因为海浪随时都会出现，幸运点只会溅湿了你的全身，最可怕的是它会把你卷到海里!”

后来，这对夫妇相继离开了人世。可怜的儿子逐渐长大了。因为从小就习惯听爸爸妈妈的引导与叮咛，如今他只能在过去的叮咛中继续生活。

对于父母的话，他仍然相当遵从：在木板上，在田野间、上山与下山时，他都用心地盯着脚下；即使来到沙滩，听见美丽的浪潮声，他也不会抬头看看，声音是从哪里来的。不管走到哪里，这个“听话”的儿子总是低着头往前走。

他从来没有跌倒过，也没有滑倒或碰伤过。一生几乎是毫发无伤的他，就这么“低着头”，走完了他的一生。

在他临死前，他仍然不知道：原来天空是蓝色的，天上不仅有美丽的云彩，还有耀眼迷人的星星；此外，他也不知道自己所走过的每一个地方，风光是多么美丽。

其实，人生中有太多可以体验的事，有太多要学习的事。如果你也像上面故事中的父母一样害怕危险、担心受伤，那么你就不能真正享受美丽的人生。人生的最大乐趣，就是能体验失败的痛苦与成功的喜悦。这些才是生命的真正意义和趣味所在。

人生是种体验而非一种结果。我们虽不能选择要不要到这个世界上来，但我们的一生能否辉煌，是否值得，全在于自己的选择和把握。我们不能因为要面临可能的失败和痛苦，就裹足不前；我们不能因为可能会感受失恋带来的巨大痛苦，就一生一世拒绝谈恋爱——如果这样，我们既享受不到恋爱带来的令人如痴如醉的欢乐，也体验不到失恋带来的刻骨铭心的痛灼。

《易经》中说："动辄得咎"，意思是指只要有行动体验就可能面临风险，就可能被人指责，就可能会犯错误。但《易经》并不是让人不行动，而是告诫人们行动之前要做好奋斗、吃苦、迎接挑战的准备，并且要从磨砺中成长起来。所以《易经》中还有一句话"天行健，君子以自强不息"，就是要求我们在积极行动体验中自强自立、克服苦难、走出困境。

在行动体验的过程中，我们充实了心灵，锻炼了意志，丰富了人生。用《智取威虎山》中杨子荣的话来说，就是"明知道路有艰险，越是艰险越向前"，用毛主席的话来说，就是"无限风光在险峰"。

懂得旅行乐趣的驴友，往往对平坦好走、容易达到的地方没有兴趣，而偏偏喜欢去探寻那些险峻的山、未开发的林或没有人烟的岛。他们认为旅行的乐趣在于克服那些途中的困难，在于到达别人所不易到达的地方，在于发现新的佳境。

懂得人生的人也是一样。他们不喜欢平稳庸碌的生活，而有胆量去尝试体验困难的，却有内涵、有意义的生活。因为他们知道，当困难被克服，当险境过去，他们才会尝到一些人生的真味，才会真正懂得如何在人生的甘苦中找到更完善、更强大的自己。他们最大的收获也往往是在自由选择过程中的享受。

俗话说：不经历风雨，怎能见彩虹；没有失败的痛苦，怎能体会成功的喜悦。人生不是一种结果，而是过程，过程就是一种体验。因此，我们大可不必为人生中的挫折而烦恼痛苦。它们丰富了我们的人生体验，使我们对人生、对生活有了更深刻的理解，使我们的力量与日俱增，使我们的心灵更圆满富足。因此，我们不要只看人生旅途的艰苦，而要把希望的灯光点亮，去照见你想要去的地方。只有这样，我们才可以到达人生的胜境，才可以领略幸福与成就的美景。

杨安谈宽恕

◆人生的体验处处是风景，时时有自由。

◆只有懂得如何体验人生，才懂得如何拥有知识与健康、真挚的情感和幸福。

◆人生的体验是编织理想的时光。

快乐人生的密码——一切从心开始

快乐是幸福生活海洋里激起的美丽浪花；快乐是人生乐曲中振奋人心的音符；快乐是一种积极向上的人生态度；快乐是精神的潇洒、个性的超脱、心灵的升华。没有人不想拥有快乐，快乐人生是人们孜孜不倦、热切不休的追求。但是，快乐人生却好像一个遥远的梦境一般，总是在现实生活中破灭。

面对生活的艰辛、事业的受挫及人生的重创，有的人变得心灰意懒，更有的人痛苦悲伤。快乐人生似乎成了奢望。其实，快乐本是一种感受，感受是心灵的元素。无论遇到怎样的难题，无论身处怎样的逆境，只要我们用积极的心态面对人生，我们就可以打开快乐人生的密码，不仅能处理好问题，还会更有力量地去探索和开阔出人生的新局面，获得成功。

因为，快乐人生的密码正是一切从心灵开始。

有一个人，在他53岁那年，他一直赖以生存和养家糊口的公司突然倒闭了，这给他的打击是难以形容的。于是，他逢人便讲述自己失业的事情，而且他翻来覆去就是那么一句话："我这种年纪的人，肯定没人要啦！"这种情形好比是一个人孤独地面对着山谷高声大喊一声，听到的就只有同样的声音。他天天咒骂政府只给他微薄的失业救济金。为了找工作，他在失业的一年之内磨坏了好几双鞋子，每增加一次被人拒绝的经历，他便自然而然地觉得自己关于年龄大就没人要的观点是绝对正确的。于是他也就慢慢地消极起来，对未来也不再抱有信心。

直到有一天，他的女儿硬是把他拖去听了一个关于积极人生思想的讲座。在听讲座的过程中，他悟出了一个道理：正是他的消极人生思想阻碍了他的思想和勇气，更对他的发展和自信心起到了严重的阻碍作用。

第二天，他依然翻开报纸阅读招聘广告，但令他的妻子感到吃惊的是，不光是有关他熟悉的钳工的招聘，其他的什么招聘广告他都看，对什么都有接触的信心和勇气。他非常乐观地告诉自己的妻子说："我过去始终认为我只能干钳工，别的什么都做不了，因此我只在需要钳工的招聘中寻求工作机会。"

两个月以后，他在一个汽车站遇到一位多年不见的老朋友，这位朋友正在做邮票生意，干得非常红火。朋友问他，是否有兴趣以股东的身份与自己一起合伙经营邮票生意。他觉得自己的机会可能来了，于是毫不犹豫地答应了那位朋友的请求，将家中所有的储蓄全部拿出来，作为资本加入了这位朋友的公司。结果没过多久，他便在公司里找到了自己应有的位置，他们的生意也越来越兴隆，几年后，昔日失业的钳工已经是一位相当成功的商人了。

如今，已经接近70岁的他还在继续工作，每天都很忙碌，无论经济上还是精神上，他都得到了极大的满足和快乐。他自己后来说，如果没有当初那次讲座，可能至今他还在失业，还在悲叹自己的命苦。

心是快乐人生的根。在面临逆境与挫折之时，只有积极乐观地去对待，才能远离怨天尤人的沉沦，才能主动去寻找机会发挥自己的全部能力，继而实现自己的人生价值和人生意义。

快乐人生需要自信之心。自信是一种善待自己、热爱自己的态度。试想想，如果一个人对自己过于苛刻，不能容忍自己的缺点或是将自己看得一无是处，自我评价失真，会有快乐人生吗？我们需要自我宽容，更需要正确的自我认知。人们对自我的认知通常是从他人或社会中得到的。要成就独立的人格，找回自己，我想，我们有时候很有必要抛弃社会这面镜子，用心灵的镜子来审视自己，让自知自信的完美结合把自己推向快乐和幸福。

我们常常通过与他人做比较来定位自己，从而看到自己存在的不足，找到自己与他人的差距，同时我们也会发现自己身上的闪光点。然而人生的悲剧就在于人们只是更多地关注“我没有什么，他有什么”，而忘了“我有什么”。这导致的是更多焦虑、沮丧和自卑，它影响到人们的心态，影响到快乐的“定居”。如果我们没有那么多的欲望，没有如此强的攀比之心，甩掉那些虚荣的包袱，那么我们也就多了份安然与快乐，也就有了“我很丑，但是我很温柔”的坦荡。

面对真实的自己，我们要做的不是去抱怨那些已无法改变的事实，而是去发现自己的闪光点，重拾自信，让自己拥有快乐精彩的人生。

快乐人生需要宽容之心。宽容不仅是修行人生的一种方式，也是对他人的一种尊重，对生活的一种完善。宽容失去的只是过去，刻薄失去的却是将来。“退一步海阔天空，忍一时风平浪静。”智者能容。越是睿智的人，越是胸怀宽广。因为他洞明世事、练达人情，看得深，想得开，放得下；仁者能容。富有仁爱精神的人，也必是宽容的人。他心存着“老吾老，以及人之老；幼吾幼，以及人之幼”这样的一种观念。因为宽容的受益人不只是被宽容者，更主要的是自己，宽容别人就是解放自己。如果我们远离嫉妒与怨恨，也就远离了痛苦、心碎、绝望、愤怒和伤害。宽容能驱散生活中的痛苦和眼泪，它能传播心灵的快乐和微笑。宽容盛产幽默，它能减少人生的沉重感，让人生充满快乐和欢笑。

如果我们只会记住他人的不足和错误，不能学会宽容，那么不满和愤恨早已布满了我们的整个心灵空间，我们又怎能让快乐“进驻”呢？

快乐人生需要乐观之心。当乌云布满天空之时，有人看到的是“黑云压城城欲摧”，有人看到的是“甲光向日金鳞开”。许多时候，问题不是出在命运上，而是出在我们的心态上，出在我们看问题的角度与应对问题的态度上。真正的生活必然不会永远风平浪静，不会永远充满阳光，我们要学会善处逆境，“箪食瓢饮而不改其乐”。生活中没有失败，只有失败者。乐观的心态可以延长寿命、有益身心健康、增加心理灵活性、提升幸福感、提高自尊感和自我完整感、促进创造力，为我们的人生撑起一片晴空！乐观主要在于我们现实可行的目标和期望，对你的梦想保持信念，不要掉入感到无望的陷阱，并与那些在日常生活中表现乐观的人交往。

快乐人生需要善良之心。心存善良，就会与人为善，乐于友好相处，心中就常有愉悦之感；心存善良，就会光明磊落，乐于对人敞开心扉，心中就常有轻松之感。总之，心存善良的人，会始终保持泰然自若的心理状态，这种心理状态能把血液的流量和神经细胞的兴奋度调剂到最佳状态，从而提高机体的抗病能力。

快乐人生需要淡泊之心。淡泊是一种崇高的境界和心态，是对人生追求层次上的定位。有了淡泊的心态，就会在世俗中随波逐流，就不会对身外之物得而大喜、失而大悲；就不会对世事、他人牢骚满腹、攀比嫉妒。淡泊的心态使人始终处于平和淡定的状态。保持一颗平常心，一切有损身心和快乐人生的因素，都将被击退。

一切从心开始，才能消释内在世界的荒茫；一切从心开始，才能把握未来的希望。一切从心开始，精神就会一直迸发积极无限的力量，你也自然而然地拥有了理想中的快乐人生！

杨安谈宽恕

◆生活若没有心灵之光，那生命便永远都停留在黑夜。

◆除美好的心灵外，别无高贵的仪容。

◆正直、善良的心灵比任何东西都可贵。

没有计较的人生，只有喜悦的生命

一个人活得是否轻松，并不是由经济条件、工作压力、家庭状况来决定的，而是取决于处世的态度和方式。如果你凡事都喜欢计较，生活就会如负重载；如果你生性豁达，能够宽容别人的不是，能够换位思考，不去计较无谓的小事，那么你的生活就会喜悦无边。

诚然，计较是我们为自己争取心理平衡的正常反应，但是往往因为计较得太多，心理的不平衡感反而会越来越清晰，使我们的生命充斥着不满，使我们的心灵远离喜悦。因为事情的本身其实并没有太多问题，只是我们看事物的心情太复杂了。

我们的生活中常有太多的矛盾，人和人之间难免会有些小摩擦，当出现这样或那样的失误与差错时，有些人因为不能忍一时之气，施以恶语或者以强烈对抗的方式来予以反击，结果一场无谓的争执，换来的却是好几天的闷闷不乐，这实在不是一种明智之举。

当你斤斤计较时，当你不愿释怀时，当你愤世嫉俗时，其实你是在跟自己计较，是你自己为自己的生活创造了充满痛苦的战场。

举目四望，古今中外，凡是能成大事的人都具有一种优秀的品质，就是不计较。因为不计较，所以他们能容人所不能容，忍人所不能忍，善于求大同存小异，团结大多数人。他们有宽广的胸怀，善于从大处着眼。他们从不目光短浅，纠缠于非原则的琐事。这样就使得他们能够腾出更多的时间和精力，全力以赴地做他们认为该做的事，所以他们成大事、立大志，使自己成为不平凡的人。

秦穆公就是这方面的一位优秀代表。

有一年，秦国大旱，秦穆公亲自出行视察旱情。刚走到岐山，他的马车坏了，左边驾辕的马趁机脱缰逃跑了。不得已，秦穆公只好亲自带人去找马。筋疲力尽之际，终于在岐山北面将马找到了，可找是找到了，令人意想不到的是马正被一群农夫架在火上烤着吃。秦穆公的侍从们十分生气，纷纷建议将食马肉的人抓起来重重处罚，但秦穆公拦住了侍从。经过询问才知道，原来由于旱情严重，致使农田颗粒无收，这些农夫已经好几天没有吃上饭了。

秦穆公看着这些面有菜色的人，叹息道："吃了骏马的肉而不喝酒，恐怕会伤害你们的身体。"于是又命侍从送了一些酒给他们喝。

一年以后，秦国与晋国在韩原交战。开战后不久，由于晋军攻势凶猛，秦军势单难支，情况陷入险境，就连秦穆公的兵车都被晋军团团围住了。晋国大夫梁由靡已经抓住了秦穆公车子左边的马，在晋惠公车上的有路石举着长矛刺中了穆公的铠甲，穆公的7层铠甲已经被击穿了6层。秦穆公仰天长叹道："我命休矣。"就在这千钧一发的时刻，晋军后面突然杀出了一群兵马，顿时令晋军的阵脚大乱。秦穆公放眼望去，只见几百个手持各色农具的农夫，正奋不顾身地击杀晋军。一会儿的工夫，他们已将秦穆公救离险境。

秦穆公脱险后，秦军的士气大振，结果反败为胜，全歼晋军，而且俘虏了晋惠公。

战斗结束后，秦穆公要重赏那些在战斗中立下战功的农夫。谁知农夫们一起跪拜道："我们只是为了报答国君去年不杀、赐酒之恩，并不是为了封赏而来。"

原来这些人就是一年前在岐山分食马肉的农夫。

常言道，"水至清则无鱼，人至察则无徒"，一个人只有不计较，宽宏大量，人们才会乐于同你交往，朋友才会越来越多，社交的成功伴随着事业的成功，难道不是人生一大幸事，不是喜悦的生命之光吗？再者，人生如此短暂和宝贵，要做的事情太多，我们又何必为计较那些鸡毛蒜皮的事情而浪费时间呢？

有位禅师酷爱养兰花，弘扬佛法之余就精心照料那些兰花。有一次他准备云游，于是让弟子们照看兰花。弟子们知道师父平时非常看重这些花，所以不敢掉以轻心。但是有位弟子在浇花时不小心碰倒了花架，结果兰花盆全部碎了，兰花也散落了一地。他非常担心自己会受到责骂。可禅师回来后，并没有责骂众人，反而和气地说："我不是为了生气而种兰花的。"禅师的豁达与睿智让人钦佩，而他的不计较也让人感动。

由此我们也可以这样说：每个人都是为了幸福而奋斗，而不是为了烦恼而奋斗的。人们喜欢计较，无非是希望通过计较能够使生活变得更舒适。既然最终是要享受生活，那为什么还要给自己招惹麻烦和烦恼呢？遇事不妨退让一步，给别人留下足够的行走空间。你越是计较，就越是要在冲突和矛盾中吃亏。做人应该包容一些，努力维持一个良好、和谐的双边关系，尽量避免和别人发生矛盾冲突。

不计较的人能够淡然地看待自己的得失荣辱，绝对不会因为一时的得失而影响到对事情整体性质的评价。他们具有长远的眼光，不仅看得清、看得透，而且看得远，不会被事物的表象所迷惑，也不会因为一时的冲动而做出糊涂事。

相反，斤斤计较的人总是想办法铲除拦路虎，办事急躁、不冷静、不考虑事情的后果。他们就是因为这种咄咄逼人、寸步不让的进攻姿势而将自己推入到麻烦之中。这样的人通常只看见利益的相悖和相争，却没有看到双方存在着合作的可能，所以他们只想到如何去计较，却没有想过如何依靠合作来达到自己的目的。如果缺乏一颗不计较的心，那么无论如何都容易行偏激之事，想问题办事情都会过于片面，常常会被外在的表象所迷惑，无法找到更加有效的解决方法。

总是计较的人，对朋友、对家人、对同事也常常是横挑鼻子竖挑眼，觉得别人都有问题，心里容不下，也很容易使自己沦为孤家寡人。人不能戴着显微镜来观察生活，如果那样的话，人恐怕会被生活中的那些琐事折磨得寝食难安，这样的生活还有什么滋味？还有什么喜悦？

不计较并不是退缩，并不会降低自己的身份，反而会因为不计较而提升自己的人格魅力，增进人际关系，尽可能地缓解矛盾冲突。一个拥有非凡的气度，处处能忍善让的人，不会因为一时的小事而耿耿于怀。他们能够从大局着眼，懂得顾全大局，不会因为一时不快而冲动行事，从而影响自己的发展。他们懂得从长远出发，明白为别人留下更多的空间也就等于为自己留下更多的后路，这样就等于让自己更大程度地远离了是非和负担，就等于给自己的人生解除了很多的危机和障碍，也就使自己不至于在无路可走时陷入困境。

在人生的道路上，我们总会遇到曲曲折折、坎坎坷坷。灿烂的阳光下，也有阴暗的角落；风和日丽的天空，也会有乌云飘来的时候；巨轮航行在大海上，经常会遇到狂风恶浪的挑战；车辆奔驰在大地上，经常有高山大河的阻碍。在人与人相处的过程中，也会遇到形形色色的人，或善解人意、知书达理；或心胸狭窄、蛮不讲理；或愤世嫉俗、感情用事；或接纳大度、冷静沉着。如果斤斤计较，我们永远到达不了喜悦的彼岸。

不计较是一种气度与胸怀，是大家风范的一个标志，是成为一个大人物必备的素质，也是一种美好的品德，是令人肃然起敬的优秀品质。只有人生不去计较，生命才能喜悦，才能发展壮大。只有没有计较的人生，才会获得人生的亮丽，打开爱与幸福的大门。

◆放下，能让人过着和谐喜悦的生活。

◆内心充满喜悦的人，没有时间斤斤计较。

◆喜悦不在它生活的地方，而在它所爱的地方。

懂得适时地放下

有人说，世上从来没有注定的不幸，只有死不放手的执着。幸福的人之所以获得幸福是因为他们不执着。所以，不要总是羡慕他人的自在与洒脱。懂得适时放下，就可以开始新的人生，也更易得逍遥，快乐无穷。

人的一生好比走路，途中会遇到各种各样新鲜又好奇的事物，自己总想拿过来据为己有。不曾想，就是因为怀揣了这些原本对我们不太重要的东西，反倒影响了我们前进的速度。哪些需要放下，哪些永不放弃？每一次选择，都需要智慧，也需要勇气。人生在世，有些事情是不必在乎的，有些东西是必须要放下的。该放下时就放下，这样你才能够腾出手来，抓住真正属于你的快乐和幸福！懂得放下，学会放下，试着放下，让心灵释荷，使身躯轻盈，如此，我们的人生必定幸福。

懂得适时地放下，是一种境界，是发展的一种必经之路。大地放弃了绚丽斑斓的黄昏，才会迎来旭日东升的曙光；春天放弃了芳香四溢的花朵，才能走进累累硕果的金秋；航船放弃了安全的港湾，才能在大海中收获满船鱼虾。想要采一束清新的山花，就得放弃城市的舒适；想要获得永远的掌声，就得放弃眼前的虚荣。

有一本书名为《与神为友》，书中写道："我不会'抓紧'任何我拥有的东西！我学到的是，当我抓紧什么东西时，我就会失去它。如果我'抓紧'爱，我也许就完全没有爱；如果我'抓紧'金钱，它便毫无价值；想要体验'拥有'任何东西的唯一方法，就是将它'放掉'！"

其实，每天发生在我们生活周围的很多悲剧，就是因为大家不懂得适时地放下，太过于执着。只要大家能够领悟"放下"的道理，便将会有一种如释重负的感觉。因为只有懂得适时地放下，才能掌握当下，才能有更多的时间、更多的空间去放置真正需要的东西。

佛家常说："人生最大的幸福是放得下。"拿得起，实为可贵；放得下，才是做人的真谛。

前人曾说：人生一世，紧握双拳而来，平摊两手而去。懂得适时地放下看似不易，其实放下后再看也没那么难。对于善于享受简单和快乐的人而言，人生的心态，只在于进退适时、取舍得当。

梵志到佛前献合欢梧桐花，佛陀对他说："放下吧！"梵志放下左手的一株花，佛陀又说："你放下吧！"梵志又放下右手的一株花，佛陀再说："你放下吧！"

梵志说："我现在两手都空了，还要放下什么呢？"

佛陀说："我不是叫你放下花，而是教你放下从外境来的色、声、香、味、触、法六尘，从内心来的眼、耳、鼻、舌、身、意六根，以及六尘与六根相应所生的见识，把它们全部舍去，直到没有可舍的地方，才是你安身的地方。"

梵志当下彻悟。

懂得适时地放下，是一种解脱。只有体悟到永恒的真我，才能突破俗世的束缚。正如六祖惠能所言："菩提本无树，明镜亦非台；本来无一物，何处惹尘埃。"外在的束缚没有任何意义，唯有拨去一切外在的形式，才能体现物的本来，这才是真正的佛性。懂得适时地放下，便能超越束缚，最终达到一种自在的境界。

懂得适时地放下，也是一种人生大智慧。一个人不能将什么东西都永远背负着，如果你能适时放弃，就是在给自己的人生减负，让自己轻装前行，走更远的路。清心寡欲就会轻松自在，随遇而安就能自得其乐，放下就是解脱。做人其实不需要复杂的思想，只要具备了这种智慧，人生的道路就远离了痛苦与忧伤。

《菜根谭》一书中写道："宠辱不惊，看庭前花开花落；去留无意，望天上云卷云舒。"这样的境界是懂得适时地放下之后才能够感受到的。人要敢于放下，果断地放下，只有心里真正地放下，你才会感到天地原来如此广阔，你的脚步是那么轻盈平稳，你的心房是那么安稳温馨。生活当中，多放下一些，就能多成功一些。

1. 适时地放下压力

物价上涨、工资太低、工作繁重、孩子太小需要照顾、子女升学、住房问题没有解决……现代社会充满了无数的竞争和挑战，随之而来的便是工作和生活方面的压力，可以说压力几乎无处不在。

适度的压力可以使人奋发图强、激发潜能、成就梦想，但是，如果压力过大的话，我们的心便难以宁静、坦然，往往陷入极度紧张、苦闷和失望的情绪中。当压力超过一定限度时，还会产生意想不到的后果。

所以，我们要适时静下心来放下压力，这不是向困难低头，也不是向命运妥协，而是为了获得内心的安宁和平静。这样，我们的心就富有了“弹性”，就能始终从容不迫、游刃有余地张弛命运之簧，弯而不折、曲而不断。

当你不被压力左右、内心安宁平静时，即使生活中有再大的风暴，面临再大的挑战，你也能从容镇定的应对。

2. 适时地放下自卑

自卑并不可怕，可怕的是你对它屈服，而让自己在自卑中毁灭。因为，往往越是自卑的人，出错的概率越大，也越容易紧张。自卑源于自我评价过低，源于没能正确地定位自己的人生坐标。放下自卑，首先要正确地认识自己和评价自己，努力认识自己的优点，学会科学的比较。然后努力去弥补自己的不足之处，使自己得到更大的发展。

正确全面认识自己的优点和缺点，充分肯定自己，相信自己的能力，挖掘自己的潜力，提高自己，就能消灭自卑，找回自信，赢得完美人生。

3. 适时地放下懒惰

我们都有这样的经历：冬天的早上很冷，本来闹钟在6点钟就响了，但是我们非常不情愿起床，总是一拖再拖，拖到实在不能拖的时候再起。起床之后急急忙忙的，很可能耽误了上学或上班的时间。虽然这种懒惰，有一定的外部原因——冷，但是多数还是我们自己思想中的懒惰因子在作怪。每个人的头脑中都有这个懒惰因子存在，但我们不能任由它为所欲为，所以我们便要时常地给自己提个醒。我国著名的文学家茅盾说过："天分高的人如果懒惰成性，亦即不自努力以发展他的才能，则其成就也不会很大，有时反会不如天分比他低些的人。"的确，再聪明的人不经过勤奋的雕琢，也成不了精品。只有时刻提醒自己放下懒惰，你的天分才能充分展现出来；只有放下懒惰，你的生命中才会有值得自豪的光彩！

4. 适时地放下抱怨

没有人喜欢一个成天絮絮叨叨的抱怨者。每个人都有不好的际遇，但抱怨无济于事。与其抱怨，不如暗自努力，自己努力成长是解决问题的最好途径。生活并没有对不起任何人，它对每个人，都有不同的考验。少一些抱怨，就多一些乐观；多一些乐观，就多一些努力，多一些希望，多一些成功的机会。

伏尔泰说："使人疲惫的不是远方的高山，而是鞋里的一粒沙子。"在人生的道路上，我们必须学会随时倒出"鞋里"的那粒"沙子"。这小小的"沙粒"，阻碍了我们前进的步伐，如果不懂适时放下，就会失去更珍贵的东西。所以，我们必须要懂得适时放下它，才会以更矫健的身姿跃出未来的高度。

杨安谈宽恕

◆哪里有放下，哪里就能生长出安宁和快乐。

◆放下，让人看得更清，行得更远。

◆适时放下，天地自宽。

宽心者快乐，恕心者得救

宽心和恕心是一种崇高的境界，也是一种人生智慧。心有宽恕，就能善待不幸，不会有失落感；心有宽恕，就能大度处事，不跟他人过不去，更不跟自己过不去；心有宽恕，就能延年益寿，享受一生的平安与快乐；心有宽恕，就能冲出黑暗的深渊，获得快乐。

佛语有云："看不开就是苦，想开了就是福！"在生活中，"看不开"的人常常会怨天尤人，陷入苦闷、烦恼、消沉的泥潭中；"看得开"的宽心者和恕心者则会适时调整自我，自省自励，使自己的人生充满阳光。什么都想开了，心情就好了，正所谓"一好百好"，"放宽心量天地宽"，这就是心有宽恕的巧妙之处。

生活中固然有很多烦恼和痛苦，然而只要我们善于敞开自己的心扉，拓展自己的宽恕心量，把自认为严重的事情看淡些，把纠结于内心的烦心事想开些，我们的心境就会发生奇妙的变化，就会从烦恼和痛苦中将自己解救出来，快乐和幸福也会不请自来。

湖边有一座寺庙，寺庙里住着师徒两个人。徒弟整天唉声叹气，觉得自己的日子过得不顺心，并且常常对师父说一些丧气话。

一天，师父又听到徒弟在那里悲叹连天，于是就吩咐他去集市上买一袋盐回来。徒弟按照师父的吩咐，很快就买了一袋盐回来。师父让他抓了一把放在一杯水里，并且叫他喝下去，然后问他味道如何。徒弟皱着眉头说："咸得发苦了。"

师父笑了笑，对徒弟说："好了，你现在拿着剩下的盐，跟我到湖边走走。"

徒弟就跟着师父来到了湖边。师父叫徒弟把剩下的盐全部倒进湖中，并叫他舀起一杯来喝，然后问他味道如何，徒弟摇摇头说："淡得没有味道了。"

这时候，师父语重心长地开示说："其实，我们生命当中的烦恼和痛苦就像这些盐一样，它们的数量是固定不变的，没有人能让它们增加或是减少。而我们的心就像一个承受这些烦恼和痛苦的容器，这个容器决定着烦恼和痛苦的浓度。假如你的心只能装进一杯水，又怎能不被痛苦和烦恼的盐水所侵蚀呢？但是，如果你的心能装进一个湖的话，纵然有再多的盐，也经不起湖水的溶解和稀释啊！"

人生不如意事十有八九，如果没有宽心和恕心，而仅仅把心灵的容器修炼成一个小杯，又怎么能耐得住烦恼和痛苦的侵袭呢？湖水就不同了，它能涤尽污浊，即使被撒进再多的"盐"，也改变不了它本真的姿容！

当你在生活中遭遇烦恼和痛苦时，不妨留意一下，你的心灵是被缩小成了一个小杯，还是被放大成了一片湖泊。如果你想陷入痛苦的深渊，不妨做一个杯子；如果你不想被痛苦纠缠，就开阔你的心胸，拓展你的宽心和恕心，做一个湖泊。

正如心理学家所说，我们不能同时拥有两种强烈的情感，既要爱又要恨，那是不可能的。怨恨大部分是以自我为中心的，所以要想忘记自己，最好的方法便是爱别人。

在对他人表示友爱之后，我们会发现在这个世界上，善意总是多于恶意的。一所大学的研究结果显示，一种真正以友谊待人的态度，65%～90%的高比率是可以引起对方友谊的反应的。因此，人们常说："爱产生爱，恨产生恨。"记住这句话后，我们就不会再在心里播下仇恨的种子，取而代之的便是快乐了。

教皇保罗二世在1997年世界和平文告中明确提出了这一点：最真实、最崇高的宽恕，是一种出自于自愿的爱的行动。然而在生活中，很多人相互之间却很难做到这一点，他们往往把对方一些无心的过错牢记在心，并且怀着深深的仇恨，时刻想着怎样去发泄。有这种想法的人是危险的，因为他在心里播下了仇恨的种子，当这些种子生根发芽时，他的仇恨就会爆发出来。而这样的战争不会有真正的胜利者，"交战"的双方最终会两败俱伤。

同时，心中有怨恨的人在身体上也存在不良的生理症状。如头痛、消化不良、失眠和严重的疲倦等，是心存怨恨的人常有的生理症状。某医学院以此作了一次调查，调查结论是：与心情较为愉快的人相比，心存怨恨的人更多地进医院。医务人员所做的试验显示，患心脏病的人常常不是工作辛劳的人，而是抱怨工作辛劳的人。最足以引起高血压的原因，莫过于外表看似很安静，内心却被强烈的怨恨所煎熬。

怨恨甚至会造成意外事件。交通问题专家说："发怒的时候永远不要开车。"例如，心里总是惦记着丈夫如何不懂体贴的妇女，比起那些心里毫无杂思的妇女，更容易发生意外事件。

杜绝怨恨情绪的第一步，便是先要确定怨恨情绪的来源。如果我们能自我反省，我们会发现有时候冲突的最初来源，其实往往很接近于自己。

"这是一个普遍的现象，"心理学家说，"我们自己的过错好像比别人的过错要轻微得多。我想，这是由于我们完全了解有关犯下错误的一切情形，于是对自己多少会心存原谅，而对他人的错误则不可能如此。”

发现了怨恨的根源之后，就应该尽全力去消灭它、忘记它。有理智的人不仅可以把宿怨清除，还经常用新的梦想和热诚，弥补心灵的空白。

但凡聪慧的人都是会宽恕别人的，因为宽恕别人的同时，其实是在帮助自己。人生在世，总是会与各种各样的人打交道，也总难免会产生各种不快与摩擦，怎样处理、怎样对待，不同的人会有不同的方法。小事化了，一笑而过。我们宽恕别人了，别人就会宽恕我们，善待我们；而我们对别人苛刻，别人也会反过来以更加恶劣的态度来回击我们。因此，无论从自身的情绪，还是从他人的反应来说，我们宽恕别人，其实也是在解救自己，让自己的心灵在轻松和快乐中放飞。

露易丝·海是美国著名的心理治疗专家。她的童年在飘摇与穷困中度过，自幼父母离异，她一直遭受凌辱和虐待。后来她历经坎坷，成了一名时装模特，并和一位富商结婚。14 年后，她被丈夫遗弃。在离婚后的寂寞失意的日子里，她接触到了佛学，开始学习宽恕和疗伤，并且从大学读起，深研心理学。

1976 年，她的处女作《治愈你的身体》出版，奠定了她在心理治疗领域的专家地位。然而，不久之后，她被确诊为癌症。

在接受癌症治疗的同时，露易丝·海勇敢地问自己：是不是还没有化解对童年遭遇的愤恨？她决定从内在把这些致癌的毒素拿掉，完全宽恕曾经伤害过她的人，同时修正生活习性，并且多做善事。露易丝·海从身、心、灵三方面着手调整，六个月后，她摆脱了癌症，完全康复了。

读《生命的重建》一书时，我看到了露易丝·海女士了不起的人生，也感觉到——当一个人从怨恨的深渊跨越而出时，他不但释放了别人，也救赎了自己。

在漫长而曲折的人生路上，我们也许会遇见许多误解与不快，这时候，一定要放弃自己的怨恨，做一个宽心者和恕心者，这样，才可以将自己的心灵从烦恼中解救出来，让自己的人生充满快乐的阳光。

杨安谈宽恕

◆宽恕能在荆棘丛中长出来谷粒。

◆宽心者福广，恕心者德高。

◆懂得该宽容什么体现的是大智慧的艺术。

重要的是寻找到释放自我生命的状态与方式

人活一生，不如意的事情实在太多。每个人的心理承受能力受到挑战时，就会有不同程度的压抑感觉，因此，在每一个人的潜意识中或多或少地都潜伏着消极的状态、习惯和不安全感，它们又像浮垢一样飘浮在人的言表之间，成为我们美好人生的梗阻。

压抑心理是一种较为普遍的病态社会心理现象。它存在于社会各年龄阶段的人群中，它与个人的挫折、失意有关，继而产生自卑、沮丧、自我封闭、焦虑、孤僻等病态心理与行为。挫折与压抑感之间互为因果，形成一个恶性循环圈。如果不能寻找到释放自我生命的状态与方式来消除这些消极的意象，不仅对身心健康不利，而且在工作、生活的方方面面都摆脱不了消极、困惑和挫折，自我价值就无法实现。

一般而言，压抑心理主要有六个方面的行为表现。

一是忧郁，主要表现为忧心忡忡、失眠、易疲劳、精神不集中、性格孤僻、自我封闭，不合群，感到自己存在的价值不大，对前途失去信心，感到外部压力太大，情绪低落，自惭形秽，手足无措等；

二是厌倦，对任何事都失去信心，打不起精神，懒得和人讲话，学习生活的效率急剧下降，不愿承担社会工作和义务等；

三是优柔寡断，由于缺乏自信，导致意志薄弱，做事无主见，不果断，做决定犹豫不决，没有敢为天下先的魄力和勇气等；

四是社会障碍；

五是躯体化焦虑，由于将消极情绪压抑在内心，个人的焦虑感明显增强，自我感觉不好，焦虑又常以躯体不适表现出来，如头痛、胃肠不适、疲倦等；

六是改向行为，被压抑的情绪与思想，有些会转化为潜意识，潜意识又会以动机的形式驱动某种行为。

消除压抑心理的危害，释放自我生命的状态，可以采取以下方式：

1. 摒弃消极计划

19 世纪中叶的心理学家威廉·詹姆斯说，他那一代人最伟大的发现就是，人可以通过改变自己的态度来改变自己的生活。想想他的话，你会意识到你就是自己命运的主宰，而不是别人。你的命运在谁手里？回顾一下你的生活历程吧！一旦你意识到自己可能是自己最难对付的敌人，你的生活就开始改变了。比如当你试着自问：我是一个消极的人吗？我总以为情况越来越糟吗？我怀疑别人的好意吗？我对别人的批评多于赞扬吗？我对大多数人都粗鲁冷漠吗？

如果答案是肯定的，就该有针对性地去克服它，从现在开始，纠正消极的态度。

2. 改善消极心态

要追求完美就不能对消极思想过于认真，但是如果允许类似的消极思想在你的头脑里占有一个小小的位置，那么在72小时内这种消极思想就会成为身体的一部分。

从今以后，假如你受了寒气直打喷嚏，也不要让消极思想控制了你，不要想“坏了，这次感冒要引起气管炎了”，或者“我可能要转为肺炎”。这种思维方法只是过去沿袭下来的思维习惯。如果你受了凉或打喷嚏，那么你首先应该在心理上控制住自己的情绪，打消生病的念头，呼求你心中的上帝，把这些念头从你的潜意识中驱除出去，要相信自己，一切事情都是可以做到的，而不是需要生病。

打消你头脑中根深蒂固的、消极的疑虑吧！要知道自身潜能是无穷的。只要你学会发展这种力量，你就会有新的感悟，这种感悟将使你的世界获得解放，而不是被束缚；你将无拘无束地去爱，去为人医治精神上的创伤，去感受善的情绪。

3. 正确面对社会现实

要知道社会是一个由多元素组成的大系统。社会有光明的一面，也有阴暗的一面；世上有好人，也有坏人。看待社会不能过于理想化，要看到社会成员之间实际上存在不平等的地位及待遇上的差距。人与人不能互相攀比，不能用自己的标准去衡量社会的公平性，而应正视社会，承认差别，努力缩小与别人的差距。

4. 正确看待自己

遇到挫折，应先从自己的主观方面去寻找原因。勤能补拙，用自己的勤奋、特长去弥补不足之处，坚信“人无完人”，每个人都有长处、短处，“天生我才必有用”。要停止自我与他人的比较，不要担心不如别人，要接受自己，确立一种自强、自信、自立的心态。

5. 不要强人所难

拉尔夫·沃尔德·埃默森说：“如果你在奴隶的脖子上套上锁链，那无异于给自己套上了枷锁。”当你意识到某个人不愿服从你的意志、意愿或决定时，不要强人所难，给他自由，让他自己作主，这就是善的品质。你容忍他离开你；他也许再也不会进入你的生活，但是会有另外的人加入你的生活并充分满足你的意愿。你爱他，就要给他自由，自己承担风险，这样你就会得到自我生命状态的释放、自由和幸福。

6. 理直气壮地拒绝

生活中你是否遇到这样的人：你尽力帮助他、开导他，而他却毫不买账，一点听不进去？尽管他不听，你还是不厌其烦地跟他说，安慰他，开导他，而他却只想要你听他的，压根就不关心你在说什么，等你唠叨完了，他也记不起你说了些什么，这样的人会使你筋疲力尽。你可能想帮助许多人，但你只能和少数人保持亲近，对其他人则要保持一定距离。

你周围的人都是大自然造化的一部分，但是每个造化物都有自己不同于别人的生命历程，严格地要求你自己，然后理直气壮地对别人不合理的要求说“不”。远离一直设法阻止你幸福的人；远离一直用消极思想和消极观点为难你的人，你生活的天地会更加广阔，你的思想也会发生嬗变。任何时候只要你有所舍弃，就会有所获取，只要你改变自己，就会展示新的自己。

7. 不要自寻烦恼

如果你常常为未来担忧，那务必请记住，生活的变奏曲在时间的进程里，将以千姿百态的形式展现出来，任何苦心和忧虑都扭转不了生命的必然。造物主使大千世界井然有序，不要试图打乱它，因为每一件事都是造化安排好的，正如《箴言》中写到的："天地间每一件事情都有它的缘由，每达到一种目的，都需要时间。"不要为那可能永远不会发生的事忧心伤脑，白白耗费你的时间和精力，要经常提醒自己一切都掌握在造化的手中。

不要为未来担忧，也不要疑虑别人说你什么或以为别人会议论你什么，作为一个独立的人，你只能支配自己的思想，为什么要白费精力焦虑你所力不能及的事呢？

8. 克服恐惧心理

许多人会对于一切事件都怀有一种恐惧之心。他们怕风，怕受寒，吃东西时怕有毒，做生意怕亏本，他们怕人闲言，怕舆论，他们怕困苦的生活，怕贫穷，怕收获不佳，怕疾病，怕暴风，怕雷电。他们的生命中，就是充满了怕、怕、怕！这样的人生，是不会有任何收获的，他们的理想与计划最后都会被无情地淹没在他们那恐惧的心里。

因此，想要摆脱恐惧心理，不妨尝试以下三种方法：

（1）过去的就过去了。不必耿耿于怀，别人更不会记得。其实，我们大多数人每天关注最多的还是自己，对于他人的关注只有很少一部分，所以你的错误别人很快就会忘记，你也根本不用为此而担心。

（2）勇于做自己害怕的事，这样你的胆子就会越来越大。不再有社交恐惧的困扰。例如，原先你很害怕在众人面前发言，那么从现在起你就要逼迫自己经常在众人面前发言。

（3）坚持不懈。社交恐惧不是一日之内患得的，而是很多次糟糕的经历慢慢地聚集，最后才让人陷入到与人交往的困扰中的。因此，要想摆脱这样的困扰也不是短时间的事情。而是需要我们长久地坚持下去，每天进步一点点。

9. 消除失败感觉

如果你时常这样说：“‘我不行’，‘我没什么价值’。”你就充满了失败感，这种感觉是基于过去的消极程序。当你意识到你正在抛弃自己，把自己看得一无是处时，你就会明白你正在伤害一个好人。要知道你有权利取得成就，你是有价值的，在这个地球上你应该使自己的生命状态丰富而美好。

你可以先做一些容易使你成功而不是失败的小事情，通过这种方式你就可以用成功感取代失败感。如果你所处的关系或环境容易加重你的失败感，那你必须改变这种环境；如果你正与一个使你感到自己是一个失败者的人生活在一起，或者正在做一项使你有类似感觉的工作，你可能需要和自己的顾问或朋友谈一下，在适当征求他们的意见之后，改变眼下的处境。不要留恋妨碍你成功的环境，否则的话你又要为失败而忧虑了。要知道你会成功，要相信你能成功，坚信这一点你就会成为一个成功者。

爱默生说：“一个人就是他整天所想的那些。”每个人的特性，都是由思想造成的。我们的命运，也极大地取决于我们的心理状态。只要我们不懈地摒弃消极心理，释放自我生命的状态，为实现理想付出辛劳，我们就能够做好想做的一切，就能够成为自己生命的主宰，而这才是有价值、有意义的真正的人生。

杨安谈宽恕

◆学会释放，才能找到幸福。

◆释放自己，才能让力量面向晨曦喷薄而出。

◆释放生命状态，牵出一生春光明媚般的精彩。

用宽恕点亮人之灵性的光

人生本身就是一场曲折的跋涉，在人生的征程中，需要用一颗宽容平静的心来面对和接受，需要把自己的心放宽些，再放宽些。只有怀有一颗宽恕的心，人生之路才会越来越开阔，人之灵性的光才会闪耀出光亮，照亮自己的前方。否则，人生将充满坎坷和艰涩，生活将充满阴霾和雾色。

现实生活复杂而尖锐，我们总是很难避免地受到不同程度的伤害，有些人还可能已经经受了无数次的伤害，于是我们可能会变得异常恼怒，甚至会怨恨那些伤害过我们的人。通常我们知道：应该原谅我们的敌人或是换个角度看问题，但是，我们发现实在是很难做到，即使我们愿意去做。

心灵的意念不会轻易地被理智打败，因为被伤害的痕迹不可能很快消失殆尽。所以，我们会发现自己很难真正地在内心里原谅那些伤害我们的人。我们希望自己能够从怨恨中解脱出来，可是又做不到，并且会为此负疚。久而久之，内心便被这种情绪搅扰得纷乱如麻，没有片刻自由与宁静。我们越希望宽恕别人，内心的反抗力却越来越强，从而就会更加内疚。

其实，说到底，这还是我们内心的自我在作祟，我们只能看到别人的错误，却看不到自己的问题，一个巴掌拍不响，任何人与人之间的不愉快，都不可能是某一个人的问题。我们之所以不能宽恕别人，是因为我们总觉得自己是对的，所以别人根本就不值得原谅。

问题在于，我们不得不学会原谅别人，因为我们毕竟要在人际圈中生存，要经常与别人打交道，如果总是对别人的错误耿耿于怀，又如何与他人建立良好的人际关系呢？

宽恕他人是为了让自己得到宽恕。因为选择宽恕，我们会变得善意而美好，我们会撕掉仇恨的外衣，同时，快乐和幸福会在我们心里成长起来。打开心中的枷锁，丢掉满腹的牢骚，我们会重获自由，这是宽恕给予我们心灵最大的回报。

宽恕的主要目的，是为了让我们的心在经受了各种各样的伤害之后，能重新接纳爱。因为当我们停止爱的时候，我们是最先被孤立的，我们变得冷酷、乖僻、自我封闭，于是我们丢失了天然的快乐。

要知道，怨恨不会让一个人成为赢家，怒气长久淤积在胸，只会灼伤自己；停留在别人的过错中不忍离去，只能蚕食自己的心灵。宽容能融化冷漠的心灵，能驱散生活的苦痛，能给予心灵自由宁静。宽容一个人能让自己不再被怨恨束缚，将所有的不愉快从心底里全部抽离，不再与曾经的爱恨情仇发生任何关系，消除了伤害的痕迹，心灵自然就能获得自由和安宁。

所以，当你的心灵不再纠结于别人的过错，而是选择宽恕时，你便获得了一定的自由。因为你已经将怨恨的心结打开，无论面对怎样的境遇，你都能够用甜美的微笑来示人，都能够焕发人之灵性的光芒。

在一个野外夏令营的帐篷里，一个满脸歉意的老师正在安慰一个大约六岁的小孩，这个被惊吓过度的小孩已经哭得筋疲力尽。原来，那天出去爬山，小孩特别多，这个老师一时疏忽，在爬山活动结束后，少算了一个，将这个小孩留在了山顶，等她发现人数不对时，才赶快跑回山顶，将那个小孩带回来。那个小孩因为一个人在偏远的山上，受到惊吓，哭得十分伤心。

不久，孩子的妈妈急匆匆地赶来了，看见了哭得可怜兮兮的小孩，妈妈蹲下来安慰他，并且很理性地告诉他：“已经没事了，老师不是故意这样做的，因为吓到了你，她也十分难过，你应该原谅老师的过失，现在你必须亲亲那个老师的脸颊，安慰她一下。”

听了妈妈的话，乖巧的孩子踮起脚尖，亲了亲紧张兮兮的老师的脸颊，并且轻轻地告诉她：“不要害怕，已经没事了，我不会怪你的。”

接着，这位母亲又对自己的孩子说：“宝贝，你要知道。宽容别人的失误，其实是为了让自己的心灵获得自由和宁静，你看，你现在的心情是不是好多了？”

孩子微笑着用力地点了点头。

当一个人选择了仇恨，那么他将在忧虑和悲伤中度过余生；而一旦一个人选择了宽恕的话，那么他的心就会获得前所未有的自由。就像故事中的那个孩子一样，当她心怀埋怨时，她只有不停地哭泣，而当她在妈妈的引导下走出怨恨，试着去原谅别人时，她找到了心灵的宁静，露出了快乐的微笑。

古语常说：“知错能改，善莫大焉。”既然如此，面对别人在无意间犯下的错误和伤害时，我们为什么不能加以宽恕呢？

道理虽然如此，但真正做到宽恕别人的错误，并不是一件容易的事，这就需要我们调整好自己的心态，并在这种心态的支配下作出正确的判断，找出自己的问题所在，而不是一味地埋怨别人。真正付之于行动的宽恕，可以改变我们的心境和处世态度，使我们不再自以为是、妄自尊大。我们也不再耿耿于怀那些刻意伤害我们的人，不再纠结他们是否值得我们原谅。相反，我们会洞悉自己的内心，通过自己的判断，来了解我们心底最真实的想法，找到那些蒙蔽我们的心智，使我们不能对伤害释怀的原因。从而抱着平常心去看待别人的缺点和错误，摆正心态，用平和的眼光去看待周围的人与他们和谐相处。

阿萨吉奥利曾说：“如果没有宽恕之心，生命就会被无休止的仇恨和报复所支配。”当一个人选择了仇恨，那么他将在忧虑和悲伤中度过余生；而一个人一旦选择了宽恕的话，那么他的心就会获得前所未有的自由和宁静。宽容一个人能让自己不再被怨恨束缚，将所有的不愉快从心底全部抽离，不再与曾经的爱恨情仇发生任何关系，消除了伤害的痕迹，心灵自然就能获得自由和安宁。

大海收容了每一朵浪花，不论其大小，故大海成其广；天空收容了每一片云彩，不论其美丑，故天空成其大。是的，一个人如果拥有了比大海和天空更宽阔的胸怀，那他无论遇到什么难题，都会想得通，都会正确地去对待和处理。以宽宏大度的态度去对待别人，是一种美德，一种风度，一种仁爱无私的境界。宽恕别人，就是解放自己，还心灵一份纯净。乔治·赫伯特说：“不能宽容的人损坏了他自己必须走过的桥。”这句话的智慧在于，宽容使双方都受益。宽恕别人的同时你也收获了美好、信任、尊重。

因此，让我们用行动去宽恕别人，用宽恕点亮人之灵性的光吧，这样的生活充满温馨，包涵惬意，谁不为之喝彩！这样的人受人欢迎、让人尊重，又怎能不体验到更多成功的喜悦！

而整个世界，也会因为宽恕的灵性之光更加绚丽芬芳！

杨安谈宽恕

◆律己以理，恕人以情。

◆宽恕能感召出温畅的朗朗之光。

◆忘却如烟往事，快乐自来；心底无私天地宽。